W0369975

Kurt-Georg Scheible

Ausgereizt!

Kurt-Georg Scheible

AUSGEREIZT!

Wie wir uns gegenseitig die Butter vom Brot nehmen

GABAL

Bibliografische Information der Deutschen Nationalbibliothek

Die Deutsche Nationalbibliothek verzeichnet diese Publikation in der Deutschen Nationalbibliografie; detaillierte bibliografische Daten sind im Internet über http://dnb.d-nb.de abrufbar.

ISBN 978-3-86936-696-8

Lektorat: Eva Gößwein, Berlin
Umschlaggestaltung: Stephanie Böhme, Neuwied | www.stephanieboehme.de
Satz und Layout: Das Herstellungsbüro, Hamburg | www.buch-herstellungsbuero.de
Druck und Bindung: Salzland Druck, Staßfurt

Copyright © 2016 GABAL Verlag GmbH, Offenbach

Alle Rechte vorbehalten. Vervielfältigung, auch auszugsweise, nur mit schriftlicher Genehmigung des Verlages.

www.gabal-verlag.de
www.twitter.com/gabalbuecher
www.facebook.com/Gabalbuecher

Inhalt

Vorwort

»Da kommt meine magische Zauberschublade!« Mit diesen Worten stellte mich einer meiner Klienten seinem Geschäftspartner vor. Als ich ihn später fragte, was er damit gemeint habe, erklärte er mir das so: »Die Zusammenarbeit mit Ihnen war von Anfang an angenehm – trotz Ihres immens hohen Honorars. Ich habe sogar den Eindruck, je mehr ich Ihnen bezahle, umso mehr bekomme ich von Ihnen zurück. Es ist, als würde ich 100 Euro in eine Schublade legen, die Schublade schließen und eine Weile warten. Wenn ich die Schublade dann wieder öffne, liegen 300 Euro darin. Deshalb sind Sie meine magische Zauberschublade.«

Ich bin Unternehmensberater. Das Image dieses Berufs schwankt stark und ist derzeit eher zweifelhaft. Neben der Beratung von nationalen und internationalen Unternehmen halte ich unter anderem Seminare und Vorträge für Unternehmer, Geschäftsführer, Manager und Top-Führungskräfte* – häufig aus dem Vertrieb.

---

* In diesem Buch verwende ich die Form des generischen Maskulinums. Mir ist bewusst, dass es vielfach üblich ist, zu gendern. Zugunsten der Lesefreundlichkeit habe ich jedoch davon abgesehen. Selbstverständlich beziehe ich mich grundsätzlich auf beide Geschlechter.

In den letzten Jahren häuften sich skeptische Fragen von Vertriebsmitarbeitern, die unsicher waren, ob ihnen Vertriebsseminare wirklich weiterhelfen können. Sie hatten zunehmend das Gefühl, in Verhandlungen mit ihren Kunden an Grenzen zu stoßen, und so hörte ich immer öfter den Wunsch, ich möge doch Lösungen aufzeigen, um sich aus dem »Würgegriff der Kunden«, der Einkäufer, zu befreien, um endlich wieder Verhandlungen auf Augenhöhe führen zu können.

Der Vertriebsdirektor eines Lieferanten erzählte beispielsweise von einem Kunden, dem er häufig in Verhandlungen gegenüber saß. Es handelte sich um einen Discounter, für den der Lieferant ausschließlich Oster- und Weihnachtsware produzierte. Zweimal im Jahr hatte also der Discounter diese Saisonartikel zeitlich begrenzt im Sortiment und bot sie auf einer speziellen Aktionsfläche an.

Das Geschäft verlief seit Jahren erfolgreich. Für den Händler war das Risiko sehr begrenzt. Eventuelle Restanten hätte der Lieferant zurückgenommen, doch meistens war schon nach kurzer Zeit die gesamte Menge verkauft. Für die Ware hatte der Discounter an seinen Lieferanten sechs Millionen Euro zu überweisen, und zwar drei Monate nach Lieferung, also zu einem Zeitpunkt, da der Discounter den Verkaufserlös schon längst in seiner Kasse hatte. Die gesamte Ware war innerhalb kürzester Zeit verkauft worden, für rund 18 Millionen Euro, in früheren Jahren ausschließlich »Cash«.

Für diesen Discounter war und ist der Lieferant eine magische Zauberschublade. Und ich bin der festen Überzeugung, das ist auch gut so. Jeder Lieferant – egal ob von Waren, Dienstleistungen oder auch nur von guten Gefühlen – sollte seinen Kunden einen Wert bieten, der einem Vielfachen der Kosten entspricht, ganz gleich, ob es sich dabei um das Doppelte, das Dreifache, das Zehnfache oder das Zigfache handelt. Der Wert, den der Lieferant bietet, muss immer größer sein als der Preis.

Doch dann geschah etwas mit diesem Lieferanten, meinem Klienten, was mich nachdenklich stimmte und sicher ein Mitauslöser war, dieses Buch zu schreiben. Der Discounter setzte ihn unter Druck: Er wollte die Ware in der nächsten Saison noch günstiger haben. Es ging weder um besser noch um mehr oder aktueller, nein, nur billiger sollte es sein!

Hauptsache, billig – die Lieferanten werden unter Druck gesetzt.

An dieser Stelle möchte ich noch einmal auf das Bild von der Zauberschublade zurückkommen, das mich einfach nicht loslässt. Auch diesmal war es wieder so: Man legt etwas in die Schublade, im Beispiel des Discounters sechs Millionen Euro, überlässt die Schublade zunächst sich selbst – und wenn man sie nach einer Weile wieder aufzieht, sind in diesem Fall auf einmal 18 Millionen Euro darin!

Ich wollte wissen, wie Menschen mit einer solchen Zauberschublade umgehen. In meinen Seminaren und auf Vorträgen erzählte ich deshalb die Geschichte von der Zauberschublade, die aus einem Hundert-Euro-Schein drei Hundert-Euro-Scheine macht, und stellte Teilnehmern und Zuhörern dann die Frage: »Was würden Sie tun, wenn Sie so eine fantastische Schublade zu Hause hätten?«

Die Antworten auf diese Frage waren sehr unterschiedlich und vielfältig. Es gibt zum Beispiel die Vorsichtigen, die höchstens einmal am Tag einen Hundert-Euro-Schein in die Schublade legen würden, getreu dem Motto: »Nur nichts überstrapazieren, dafür aber regelmäßig nutzen.« Die Mutigen dagegen würden nach dem ersten erfolgreichen Versuch beim nächsten Mal gleich 200 Euro hineinlegen, in der Erwartung, damit 600 Euro zu erzielen. Dann gibt es die Privatiers. Sie würden nie wieder arbeiten, wenn sie einen Schrank mit einer solchen besonderen Schublade hätten. Immer dann, wenn sie Geld benötigten, würden sie an den Schrank gehen und die Zauberschublade betätigen. Wieder andere Teilnehmer entpuppten sich als Genießer, die sich nach der magischen Verdreifachung des Hundert-Euro-Scheins schlicht darüber freuen würden, dass der Zufall ihnen so viel Geld in die Tasche gespült hat, und dann ihr Glück mit ihrem Partner oder ihrer Partnerin teilen würden, beispielsweise durch eine Einladung zu einem opulenten Essen oder einem Wellness-Wochenende. Die Selbstständigen gehen ganz anders an die Sache heran. Sie würden ihren Job kündigen und tagein, tagaus die Schublade selbst und ständig auf- und zuziehen, sodass sich der Inhalt jedes Mal wieder verdreifacht. Und dann gibt es noch die Unternehmer. Sie würden ein Team beauftragen, das sich damit beschäftigen soll, eine Maschine zu entwickeln, die die Schublade vollautomatisch bedient, das Geld zählt und verpackt, während ein zweites Team an der Entwicklung weiterer Schubladen arbeitet.

Allerdings ist – erstaunlicherweise! – bisher noch keiner der Teilnehmer auf den folgenden Einfall gekommen: weniger als 100 Euro in die Zauberschublade zu legen, um dann beim Aufziehen dennoch 300 Euro herausnehmen zu können. Genau das entspricht jedoch dem Verhalten, mit dem der Vertriebsdirektor, der die Saisonware an die Discounter liefert, konfrontiert worden war. Er sollte dem Discounter eine Saison später wieder die gleiche Summe bescheren, jedoch weniger dafür bekommen.

Das ist in etwa so, als würde man 95 Euro in die Zauberschublade legen und erwarten, dann trotzdem 300 Euro entnehmen zu können. Hätte man damit Erfolg, wären beim nächsten Mal vielleicht nur noch 90 Euro nötig, damit die Schublade ihre Magie wirken lässt, dann 85 Euro und so weiter. Derjenige, der die Zauberschublade bedient, würde zwar immer weniger hineinlegen, sich aber nicht davon abbringen lassen, immer wieder die vollen

300 Euro zu erwarten, zu beanspruchen, ja, darauf zu bestehen! Schließlich würde er so hartnäckig darauf beharren, dass er sogar der Zauberschublade drohen würde, sie zu zerschlagen, wenn sie ihm den gewünschten Betrag bei reduziertem Einsatz verweigert. Genau das ist es, was dem Lieferanten widerfährt, wenn sein Kunde trotz bester Geschäfte und hoher Gewinne mit Auslistung oder Abbruch der Geschäftsbeziehung droht.

Erzähle ich dieses Beispiel in meinen Seminaren, lachen die meisten zunächst. Solange es um die Zauberschublade geht, hält jeder das beschriebene Szenario für Unsinn – die Schublade (angenommen, sie funktionierte tatsächlich) würde doch, legte man 95 Euro hinein, nur 285 Euro liefern, also wieder die dreifache Menge, wird argumentiert. Auch der harsche Umgang mit dem magischen Möbelstück scheint unverständlich: Man solle doch dankbar sein, dass überhaupt mehr herauskommt, als man hineinlegt! Einige erinnert das an das Märchen *Von dem Fischer un syner Fru*, in dem ein magischer Butt einem Fischerpaar Wünsche erfüllt. Die Fischersfrau verlangt jedoch immer mehr und sitzt schließlich wieder in ihrer einfachen Strandhütte, weil sie es übertrieben hat. Sie hat den guten Willen des magischen Butts ausgereizt.

Beim Bild der Zauberschublade und beim Märchen scheint allen klar zu sein, wie absurd die beschriebene Vorgehensweise ist. Es dauert jedoch nicht lange, bis es still wird und die ersten Zuhörer erkennen, dass sie entweder genau nach diesem Prinzip handeln, wenn sie von ihren Lieferanten oder Systemen mehr Effizienz verlangen, oder aber ihren Kunden gestatten, auf diese Art mit ihnen umzugehen.

In der Wirtschaftsrealität ist die Zauberschublade der Lieferant. Er weiß, dass es jemanden gibt, der die Schublade bedient und damit Geld verdient. Damit sind alle Beteiligten einverstanden. Sie wissen um dieses Prinzip unserer Marktwirtschaft und dass der gesunde Handel darauf beruht, Ware teurer zu verkaufen, als sie eingekauft wurde. Nur dass man zunehmend versucht, dem anderen die Butter vom Brot zu nehmen, verbunden mit der dahinterstehenden Haltung oder auch Motivation, ist fragwürdig. Statt umgekehrt zu fragen: »Darf's noch etwas mehr Butter sein?«, hat sich in zahlreichen Bereichen des wirtschaftlichen Lebens ein Handeln durchgesetzt, das von rücksichtslosem Gewinnstreben angetrieben wird und ernsthaft zu hinterfragen ist.

In den letzten Jahren wurde immer deutlicher, dass in den verschiedensten Industriebranchen die Systeme ausgereizt sind. Der »Outcome«, also das, was unterm Strich übrig bleibt, soll mindestens gleich bleiben, obwohl immer weniger in die jeweilige »Schublade« hineingelegt wird. Normalerweise würde sich jemand mit gesundem Menschenverstand nicht auf diese Art über den Tisch ziehen lassen. Dennoch geschieht es, mittlerweile wird das an zahlreichen Ecken und Enden der Gesellschaft sichtbar: Wir nehmen uns gegenseitig die Butter vom Brot. Mehr noch: Nachdem wir unserem Gegenüber die Butter auf seinem Brot weggenommen haben, nehmen wir uns auch noch das Brot selbst – Hauptsache, wir haben es. Was darüber in den meisten Fällen vergessen wird: Das Brot, das wir dem anderen weggenommen haben, ist eines, auf dem eben keine Butter mehr ist. Das heißt, auch derjenige, der auf diese Weise eigentlich mehr haben wollte, sitzt hinterher mit einem trockenen Stück Brot da. In dieser Situation nützt es auch kaum, einer der »ganz Schlauen« zu sein, die wissen, woher der Wind weht und auf welcher Seite das Brot gebuttert ist. Denn wo früher mal Butter war, ist heute nur noch trocken Brot.

Statt nun diesen Umstand zu analysieren und dann den Fehler einzusehen, wird er häufig als »gesteigerte Effizienz« verkauft. Diese angebliche Optimierung, die gesteigerte Effizienz, ist leider oft nur Augenwischerei. Einen wirklichen Mehrwert gibt es weder für den Hersteller noch für den Händler und schon gar nicht für den Kunden, der das Endprodukt erwirbt.

Ein Beispiel aus dem alltäglichen Leben verdeutlicht das: Ich besaß einen Wecker, ein Produkt einer bekannten, ehemals deutschen Firma. Der Wecker war solide und funktionierte tadellos. Ich schätzte ihn sehr und hatte ihn schon lange, über 20 Jahre. Viele meiner Reisen hatte er mitgemacht, ohne Schaden zu nehmen. Doch schließlich war die Lebensdauer des Weckers abgelaufen, und nach so langer Zeit ist das auch völlig in Ordnung. Am liebsten hätte ich den gleichen Wecker wieder gekauft, und als ich mich im Fachhandel erkundigte, erfuhr ich zu meiner großen Freude, dass es dieses Modell tatsächlich noch immer gab, und kaufte es.

Doch der neue Wecker enttäuschte. Zwar sah er auf den ersten Blick genauso aus wie der alte, doch bereits beim Auspacken und beim Einstellen der Uhr hatte ich den Eindruck, dass sich etwas verändert hatte, und zwar nicht zum Guten. Die Oberfläche fühlte sich anders an. Sie war nicht mehr aus dem hochwertigen und stabilen Kunststoff, sondern aus billig wirkendem und stechend riechendem Plastik. Auch das Zifferblatt sah bei genauer Betrachtung anders aus, und insgesamt fühlte sich der Wecker »leichter« an als sein Vorgänger. Im Betrieb stellte ich ebenfalls Unterschiede fest. Die veränderte Lackierung von Zifferblatt und Zeigern hatte zur Folge, dass die Uhrzeit und vor allem die Weckzeit bei Dunkelheit nicht mehr so einfach abzulesen waren. Es war auch nicht mehr der (nun deutlich schrillere) Ton, der mich morgens weckte, sondern das einige Sekunden früher hörbare Umschalten auf den Alarm im Inneren des Gehäuses. Besonders störend war dieses laute Klacken übrigens am Wochenende, denn egal ob der Alarm aktiviert war oder nicht, das Klacken blieb.

Als ich den Wecker dann eines Nachts im Schlaf von meinem Nachttisch schubste und er auf den Boden fiel – ein Vorgang, den die Vorgängerversion im Laufe der Jahre mehrmals unbeschadet überstanden hatte –, zersprang die billige Plastikhülle. Am Morgen untersuchte ich das Innenleben des Geräts, und es stellte sich heraus, dass die Zahnräder nicht mehr aus Metall, sondern aus Kunststoff bestanden, und dass die nur sehr notdürftig zusammengelöteten Drähte stellenweise durch den Aufprall aus den Verbindungen gerissen waren. Eine Reparatur kam nicht mehr in Frage. Mir war vollkommen klar, dass die Reparaturkosten den Neupreis bei Weitem überstiegen hätten.

Ich musste einen neuen Wecker kaufen. Nicht nur, dass sich durch den erzwungenen Neukauf innerhalb kürzester Zeit der Anschaffungspreis im gewissen Sinne verdoppelte, mein Vertrauen in die Herstellerfirma, auf die ich zuvor Jahrzehnte lang große Stücke gehalten hatte, war beschädigt – es war buchstäblich zerbrochen. Wenn dieses Modell auf solch billige Weise hergestellt worden war, wie konnte es da bei anderen Produkten des gleichen Herstellers anders aussehen? Ich misstraute dem gesamten Unternehmen – und entschied mich letztendlich für einen Wecker der Konkurrenz.

> **»Ich achte auf diese Details, denn diese Liebe zu Details macht den Unterscheid zum Wettbewerb aus.«**
>
> Klaus Fröhlich, BMW-Entwicklungschef

Schon vor einiger Zeit haben wir eine Spirale in Gang gesetzt, und die fatalen Folgen dieser Entwicklung zeichnen sich längst deutlich ab. Die meisten Gebrauchsgegenstände und mittlerweile auch viele Dienstleistungen verlieren zunehmend an Qualität. Teilweise sind wir bereits genötigt, Geld für Leistungen aufzuwenden, die in der Vergangenheit Bestandteil eines Gesamtangebotes waren. Beispielsweise war bei den Airlines eine Sitzplatzreservierung früher kostenlos, heute muss eine Sitzplatzreservierung bei etlichen Fluglinien entweder extra bezahlt werden oder sie ist nur im Rahmen einer höheren und teureren Ticketkategorie zusammen mit weiteren, eher unnötigen Leistungen erhältlich. Fachleute sprechen hier von Preisbündelung. Wenn wir Kunden dann aber nicht mehr mitspielen, werden wir mit Rabatten geködert – eine verzweifelte Maßnahme, wenn sonst nichts mehr hilft oder einfach die Kreativität für eine Anreicherung des Wertes für den Kunden fehlt.

Rabatte machen die Ware nur billiger, jedoch nicht besser.

Auch als Kunden sind wir also eine Art Zauberschublade, in die immer weniger hineingegeben wird, von der aber zugleich erwartet wird, dass sie immer mehr herausgibt. Wenn man auch diese Ebene in die Betrachtung miteinfließen lässt, wird immer offensichtlicher, dass wir in vielen Bereichen in eine Sackgasse geraten sind. Dennoch wird versucht, das Ende der Sackgasse schönzureden, es zu optimieren, um es noch effizienter zu gestalten, und das, ohne den Sinn dieses Vorgehens zu hinterfragen. Wie lange kann das auf diese Weise noch weitergehen? Haben wir die Möglichkeiten zu Verbesserung und Optimierung ausgereizt?

An dieser Stelle ist es mir wichtig, Folgendes klarzustellen: Ich liebe Gewinne. Ich liebe es, wenn Unternehmen Gewinne erzielen. Das ist mein Beruf, das ist meine Berufung und das ist die Mission meines Unternehmens. Wir setzen uns jedoch dafür ein, dass die Gewinne dort bleiben, wo sie hingehören: beim Produzenten. Viel zu häufig geben Produzenten, sobald ihre Kunden nach Rabatt fragen, einen Teil der Gewinne ab. Das ist falsch, denn die Gewinne gehören den Produzenten! Dass diese Entwicklung letztlich zulasten der Endkunden geht und damit auf lange Sicht auch Händlern schadet, sollte durch die eben beschriebenen Beispiele deutlich geworden sein.

Damit Produzenten und Lieferanten das bestmögliche Ergebnis erzielen, berate ich Unternehmen, schule Vertriebler in Seminaren und halte Vorträge zu diesen Themen. In meinen beiden Büchern *WIN! Verhandeln, um zu siegen* und *Verhandeln! Wie David Goliath besiegt* geht es um den Verhandlungserfolg und darum, wirkungsvoll zu verhindern, dass einem die Butter vom Brot genommen wird. Dem Preis, der bei der Verhandlung erzielt werden soll, sollte jedoch immer auch ein entsprechender Nutzen oder Wert gegenüberstehen. Viel zu oft wird versucht, dem Preisdruck mit faulen Tricks zu begegnen, um letztlich doch mehr für sich selbst herauszuholen, als es zunächst erscheint. Dieses Denken ist auch bei Beratern verbreitet, die dem Kunden mehr Tage verkaufen, als für den Auftrag tatsächlich nötig sind, und versuchen, möglichst viele Köpfe möglichst lange »auf dem Auftrag zu halten«, bei Ärzten, die das System ausnutzen und unnötige Leistungen erbringen, um diese abzurechnen, bei Handwerkern, die Stunden schinden, oder bei Airlines, die beim Bezahlen des Tickets zusätzliche Gebühren verlangen. Die Liste lässt sich mit Beispielen aus nahezu allen Bereichen des wirtschaftlichen Lebens fortsetzen, bis hin zu Menschen, die sich weder an ihrer Leistung noch am Nutzen ihrer Tätigkeit messen lassen wollen.

Gegen diese Geisteshaltung richtet sich dieses Buch – gegen die vom Nutzen befreite Gewinnmaximierung. Dieses ausufernde Bestreben führt auch dazu, dass ganze Berufsgruppen unverschuldet öffentlich in Misskredit geraten. Vor Jahrzehnten hatten Unternehmensberater durchaus einen guten Ruf. Die Zeiten haben sich geändert. Aber auch das Image von Ärzten, Bankern oder Werbefachleuten ist bereits angekratzt.

Am Beispiel des Lebensmitteleinzelhandels, der Automobilbranche, der Selbstständigkeit, der Gesundheit, des Finanzwesens und auch des Motivationscoachings zeige ich auf, wie sich die Grenzen verschoben haben und wie dabei moralische Werte immer geringer eingeschätzt werden. Es ist der Versuch, die Maßlosigkeit, die letztlich unsere gesamte Gesellschaft betrifft, sowohl in der Wirtschaft als auch im Privatleben, anschaulich zu schildern und dabei zugleich ihren Ursprüngen nachzugehen. Neben aller Kritik möchte auch ich Anregungen zu Lösungen geben, die den Nutzen für den Kunden wieder an die Gewinnorientierung des Lieferanten koppeln.

Mir ist bewusst, dass bei der Komplexität und Vielschichtigkeit dieses Themas Lösungen nur individuell entwickelt werden können. Auch ich habe selbstverständlich keine Patentlösung. Mit diesem Buch möchte ich ein Schlaglicht – und damit neues Licht – auf Situationen werfen, die wir in der einen oder anderen Erscheinungsform sicher alle kennen. Wenn es gelingt, Sie als Leser zum Nachdenken oder gar zum Weiterdenken anzuregen und Sie für andere Lösungsansätze zu begeistern, dann hat dieses Buch sein Ziel erreicht.

Die Zeit ist gekommen, dass wir uns der Frage stellen, was und wie viel in unserem Alltag buchstäblich ausgereizt ist.

Ihr
Kurt Georg Scheible

Wie ich zur Butter kam – Die Macht der Discounter

Ende der Sechzigerjahre, Anfang der Siebziger – also in den Jahren, die heute als die »gute alte Zeit« gelten – war die Wirtschaft robust und nahm nach dem Wirtschaftswunder weiter Fahrt auf. Der Wohlstand festigte sich, die Nachkriegsjahre waren fast überwunden, doch einige Gewohnheiten und Werte aus den Jahren nach dem Zweiten Weltkrieg hatten sich gehalten. So galt Butter damals neben der D-Mark noch immer als eine Art Währung.

In dieser Zeit wuchs ich in einer Gemeinde mit gut 5000 Einwohnern im Südwesten Deutschlands auf. In unserem Ort gab es einige Familien mit unserem Namen, die meisten hatten Handwerksberufe, einige ein kleines oder mittelständisches Geschäft. Zur besseren und einfacheren Unterscheidung wurde dem Familiennamen einfach der Beruf vorangestellt. So gab es einen Baustoff-Scheible, einen Maler-Scheible und einen Schlosser-Scheible. Und es gab einen Boxer-Scheible, der verdankte seinen Namen allerdings nicht seinem Beruf, sondern seinen Hunden. Meine Eltern betrieben ein für die damalige Zeit typisches Lebensmittelgeschäft. Etliche Waren, wie Mehl, Zucker, Obst und Nüsse oder auch Sauerkraut, lagerten lose in großen Behältern und wurden erst beim Kauf abgewogen und dann verpackt. Die

Milch kam noch aus großen Kannen und wurde in Milchkannen abgefüllt, die die Kunden selbst mitbrachten. Das brachte uns unseren »Hausnamen« ein: Wir waren bekannt als »Milcher-Scheible«. Jeder aus unserer Familie wurde so genannt.

Das Geschäft meiner Eltern war im Ortskern, nahe dem Marktplatz, der Apotheke und anderen Geschäften und somit fester Bestandteil der örtlichen Versorgung und zugleich ein kommunikativer Treffpunkt. Es kam öfter vor, dass Leute, hauptsächlich Hausfrauen, vorbeikamen und sich gleich nach dem Betreten des Ladens nach dem Butterpreis erkundigten. Die meisten erledigten dann ihren Einkauf, einige jedoch ohne tatsächlich Butter zu kaufen. Und manchmal kam es vor, dass die Frauen einfach wieder gingen – ohne etwas zu kaufen. Als kleiner Junge fand ich das seltsam, bis mir mein Vater eines Tages erklärte: »Die Butter ist eine Art Währung. Viele Menschen bemessen allein anhand des Butterpreises, ob wir teuer oder günstig sind. Sie glauben, wenn die Butter bei uns teurer ist als in einem anderen Geschäft, ist bei uns alles andere auch teurer.« Ich verstand: Lag also der Butterpreis über dem normal üblichen Preisniveau, musste man nach dieser Logik auch für alles andere mehr bezahlen – und somit war der ganze Laden teuer. Der Preis für die Butter war ein Referenzpreis.

Die Butterwährung war ein Barometer für teuer oder günstig.

So lief es eine ganze Zeit lang. Den lokalen Markt teilten sich mehrere kleine Einzelhandelsgeschäfte. Doch eines Tages wurde in unserer Gemeinde der erste Supermarkt gebaut, und zwar gleich um die Ecke von unserem Laden, nur etwa 150 Meter entfernt. Als er eröffnete, änderte sich das Einkaufsverhalten der Kundschaft meiner Eltern merklich. Und auch das Verhalten meines Vaters änderte sich: Von nun an studierte er aufmerksam die wöchentlichen Sonderangebote des Supermarkts. Eines Tages sagte mein Vater: »Jetzt verkaufen die Butter noch unter dem Einkaufspreis!« – Damit meinte er den Preis, den er für die Butter bezahlte. – »Die legen bei jedem Stück, das sie verkaufen, noch drauf. Das kann nicht gut gehen!« Daraufhin schmiedete ich einen Plan und trommelte ein paar Freunde zusammen: Mit meinem erarbeiteten und ersparten Geld gingen wir in den Supermarkt, um so viel Butter zu kaufen, wie wir konnten, viel mehr, als erlaubt war. Ich erinnere mich, dass jeder Kunde nur drei oder vier Stück Butter kaufen durfte. Deshalb brauchte ich ja auch meine Freunde für diese Aktion. Die Butter brachten wir dann voller Stolz zu meinem Vater.

Hinter meiner Aktion stand folgende Überlegung: Zum einen würde mein Vater Geld sparen, wenn ich ihm die Butter billiger besorgte, damit er sie dann verkaufen kann, und zum anderen – und das war für mich damals noch viel wichtiger – würde es dem Supermarkt, wenn dieser die Butter unter dem Einkaufspreis anbietet, sicher schaden, wenn man so viel wie möglich davon kauft, auf Dauer würde es ihn sogar ruinieren. Der Supermarkt müsste also eines Tages wieder schließen und alle Kunden würden wieder bei meinem Vater einkaufen.

Natürlich ging der Plan nicht auf. Zwar schloss der Supermarkt nach ein paar Jahren tatsächlich seine Türen für immer, aber das lag weniger an meinem Coup, sondern vor allem daran, dass mit der Zeit weitere Märkte vor den Toren unserer Gemeinde hinzukamen. Vielleicht denken Sie jetzt, dass es keine große Überraschung ist, wenn die Aktion eines Zehnjährigen nichts bewirkt, umso mehr, wenn es Ziel der Sache ist, anderen Schaden zuzufügen. Das mag sein. Dennoch sind Verhaltensweisen, die meinem damaligen Plan ähneln, im deutschen Handel heute oft anzutreffen. Sie werden in diesem Buch erfahren, wie gestandene Handelsmanager ihrem eigenen Unternehmen ganz bewusst und sehr bereitwillig Nutzen vorenthalten, nur um dem Wettbewerber oder dem Lieferanten zu schaden – oder am besten gleich beiden.

Ich kann mich übrigens nicht mehr erinnern, was mein Vater damals mit der Butter machte, die meine Freunde und ich ihm brachten. Das bringt mich auf die Frage, wie die »Währung« Butter so an Wert verlieren konnte. Nach dem Wiederaufbau lief die industrielle Produktion in Deutschland wieder an. Nur die Landwirtschaft blieb in weiten Teilen Deutschlands hinter der Entwicklung zurück. So beschloss die Politik in den Fünfzigerjahren, die Landwirtschaft mit Subventionen zu fördern. Der Staat garantierte den Bauern auf viele landwirtschaftliche Produkte feste Abnahmepreise. Das betraf hauptsächlich Getreide, Vieh, Milch und Milchprodukte. Die Subventionen zeigten rasch ihre Wirkung. Die landwirtschaftliche Produktion stieg sprunghaft an. Jedoch kam es innerhalb von 20 Jahren zu einer Überproduktion. Ende der Siebzigerjahre erzeugten die Bauern mehr, als benötigt wurde. Die sogenannten Milchseen, die Butter- und Fleischberge entstanden. Um einem weiteren Anwachsen entgegenzuwirken, führte die Politik 1984 die Milchquote ein.

Neben dem Anwachsen des Butterbergs trug aber noch eine weitere Entwicklung zum Niedergang der Butterwährung bei: Die Preisgestaltung und damit die Einkaufs- und Verkaufspolitik im Handel veränderten sich mit dem Aufkommen der Supermärkte. Zwar nutzen wir »super« umgangssprachlich oft im Sinne von »großartig« oder »hervorragend«, doch die Bezeichnung »Supermarkt« hat damit wenig zu tun, sondern sie bezieht sich auf die ursprüngliche Bedeutung des lateinischen Wortes »super«, und diese ist schlicht »über«. Verbindet man das mit »mercatus«, was »Handel« bedeutet, erhält man einen »Supermarkt«, also ein Einzelhandelsgeschäft, das Lebensmittel, Genussmittel und Drogerieartikel unter einem Dach anbietet. Inzwischen sind weitere Produktgruppen hinzugekommen. In den neuen Bundesländern wurden Supermärkte auch »Kaufhallen« genannt. Im Gegensatz zu den Kolonialwarengeschäften von einst – auch als »Tante-Emma-Läden« bekannt –, die neben Lebensmitteln auch Haushaltswaren, wie Petroleum, Kurzwaren oder gar Werkzeug, anboten und in denen der Kunde meistens vom Inhaber und seiner Familie bedient wurde, sieht es das ursprüngliche Verkaufskonzept der Supermärkte vor, dass sich der Kunde selbst bedient. Die Waren sind in unterschiedlichen Handelsgrößen verpackt und zu festgeschriebenen Preisen erhältlich. Das Sortiment eines Supermarkts ist eingeschränkt auf bestimmte Produktgruppen und es wird auf einer Einkaufsfläche von mindestens 400 m^2 angeboten. Der Kunde bezahlt den Einkauf zentral an einer Kasse. Beim Kaufmann »um die Ecke« konnte man anschreiben oder gar auf einige Produkte günstigere Konditionen aushandeln – in einem Supermarkt ist das undenkbar.

Im Supermarkt ist nicht automatisch alles »super«!

Die meisten Supermärkte gehören zu Handelsketten, die ein weites Vertriebsnetz unterhalten. Sie betreiben ähnliche Märkte auf nationaler oder sogar auf internationaler Ebene. Das ist ein weiterer Unterschied zu den Tante-Emma-Läden, die in der Regel die Kundschaft vor Ort bedienten, aber höchstens regionale Bedeutung hatten.

Die Geschichte der Supermärkte begann Ende der 1950er-Jahre. Nach dem Zweiten Weltkrieg war zunächst eine Preisbindung auf etliche Waren angeordnet worden, unter anderem aufgrund von staatlichen Subventionen besonders bei landwirtschaftlichen Erzeugnissen, doch bereits in den 1960er-Jahren wurde die Abschaffung von Preisbindungen diskutiert, da es sich dabei um einen Eingriff in den freien Wettbewerb handelte. 1974 wurden die Preisbindungen durch das Gesetz gegen Wettbewerbsbeschränkungen (GWB) abgeschafft. (Jedoch gibt es Ausnahmen, bei denen weiterhin die Preisbindung gilt, etwa für rezeptpflichtige Arzneimittel, Tabakwaren oder Bücher.)

Während die frühen Vorläufer der Supermärkte zunächst kaum eine Rolle gespielt hatten, wurden die Supermärkte mit dem Wegfall der Preisbindungen und der damit verbundenen öffentlichen Diskussion zum Thema Preis immer bekannter und beliebter.

Das Prinzip der nun aufkommenden Supermärkte war einfach und doch erfolgreich: schlichte Ausstattung, wenig Aufwand und ein kleines Sortiment mit Artikeln zu dauerhaftem Niedrigpreis (Dauerniedrigpreis). Das Preisbewusstsein der Bevölkerung war geweckt und wuchs und wuchs.

Die Formel der frühen Supermärkte:
einfach + simpel = Erfolg.

Das Konzept kam an und setzte sich mehr und mehr durch. Zwei, die es zur Perfektion brachten und deren Name zum Inbegriff des Discounter-Prinzips werden sollte, waren die beiden Brüder Karl und Theo Albrecht. 1946 übernahmen sie den gerade mal 100 m^2 großen Lebensmittelladen der Mutter im Essener Vorort Schonebeck, Anfang der Sechszigerjahre unterhielten die Albrechts bereits über 170 Supermärkte, verteilt über das gesamte Ruhrgebiet. Der Umsatz betrug damals schon beachtliche 100 Millionen D-Mark.[1] 2014 waren es weltweit rund 10 000 Filialen mit einem Umsatz von insgesamt 62,2 Milliarden Euro.[2]

Das Jahr 1962 gilt als der Zeitpunkt des endgültigen Durchbruchs der Supermärkte und ihrer Verkaufspolitik. Seither wurde das Verkaufsprinzip weiter ausgebaut. Die neue Geschäftsform fand zunehmenden Anklang und damit weitere Verbreitung. Neben den normalen Supermärkten gibt es heute auch die sogenannten Harddiscounter. Sie zeichnen sich typischerweise dadurch aus, dass ihre Verkaufsflächen unter 1000 m^2 betragen und dass ihr Sortiment weniger als 1500 Produkte umfasst. Inzwischen wurde das Discount-Prinzip außerdem auch auf andere Warengruppen übertragen, wie beispielsweise Elektro-, Kosmetik-, Bekleidungs- oder Wohnartikel.

Die ursprüngliche Verkaufsstrategie der Supermärkte basiert darauf, bei einem auf raschen Lagerumschlag ausgerichteten Sortiment die Ware zu sehr knapp kalkulierten Preisen anzubieten und zugleich die Serviceleistungen rund um den Verkauf weitgehend einzuschränken. Die Supermärkte haben über die Jahre ein beachtliches Wachstum erzielt und ihre Marktstellung deutlich ausgebaut. Inzwischen reichen die verschiedenen Formen des preisaggressiven Verkaufens von den bekannten Marken des Lebensmitteleinzelhandles wie Aldi, Rewe, Edeka oder Lidl über die Niedrigpreisabteilungen der Warenhäuser bis hin zu »Rein-Raus«-Geschäften. Letztere kaufen günstig Warenchargen ein und verkaufen sie dann nach dem Motto »Nur solange der Vorrat reicht«, danach gibt es ein neues Angebot.

Der Preiskampf im Handel ist extrem hart. Um eine Vergleichbarkeit der Preise zu vermeiden, also dem Verbraucher den Vergleich zu erschweren oder sogar unmöglich zu machen, hat heute nahezu jede Handelskette neben Markenartikeln von bekannten Herstellern auch im eigenen Namen produzierte Handelsmarken im Angebot. Die sind meistens günstiger als die bekannten Marken und versprechen dennoch eine ähnliche Qualität. Den Händlern bringen die Handelsmarken zudem den Vorteil, dass sie damit die Produzenten noch mehr unter Druck setzen können. Die Markenhersteller reagieren darauf mit mehr oder weniger starker Eigenvermarktung ihrer Produkte, beispielsweise in Factory-Outlets, in denen die Gewinnspanne des Handels ganz oder teilweise an den Verbraucher beziehungsweise den Endkunden in Form von teilweise erheblichen Rabatten gegenüber dem Listenpreis weitergegeben wird. Diese Spirale des Immergünstiger-Werdens ist scheinbar unaufhaltsam und hat sich verselbstständigt.

Günstig reicht nicht – es geht immer noch billiger.

Die Erfolgsfaktoren der Discount-Vertriebsformen sind vielfältig. Dennoch möchte ich auf ein paar der bedeutenderen Aspekte näher eingehen: Die Jahre der Nachkriegszeit waren für viele Familien geprägt von Verzicht und knappen Kassen. Das hat bei den Konsumenten den Blick für den Preis extrem geschärft, und das prägt das Einkaufsverhalten der Deutschen – möglicherweise – noch bis heute. Nachrichten über eine unsichere Wirtschaftslage oder auch nur der Gedanke an harte Zeiten mahnen sofort zur Sparsamkeit, und der Volksmund weiß Rat. Wurde früher der Pfennig zweimal umgedreht, machen das die Menschen und auch die Betriebe heute mit dem Cent.

Doch das über die Jahre erprobte Preisbewusstsein erfüllt mittlerweile noch einen anderen Zweck: Oft wird in einem Bereich preisbewusst eingekauft, damit man sich mit der theoretischen Ersparnis an anderer Stelle etwas Besonderes leisten kann. So gibt es zum Beispiel noch immer Konsumenten, die sich an Wochentagen mit günstigem Bier versorgen und für sonntags oder für Besuch eine Kiste der Premiummarke mitnehmen.

Ähnlich verhält es sich mit dem besonderen Kaffeegenuss für die festlich gedeckte Sonntagstafel. Und obwohl die Preisunterschiede heute längst nicht mehr so extrem sind wie in den Mangeljahren hat sich dieses Verhalten in die Gegenwart gerettet.

Dabei ist der Einkauf beim Discounter schon lange nicht mehr nur für bestimmte Einkommensschichten typisch. Auch die Gut- und Besserverdiener haben längst die »Lust am Discount« für sich entdeckt. Beim Discounter einzukaufen ist heute kein Tabu mehr, anders als noch vor etlichen Jahren, als Menschen, die »Mercedes fahren, aber bei Aldi einkaufen« mit spöttischen Bemerkungen rechnen mussten. Mit dem Erscheinen des Buchs *Aldidente* im Jahr 1996[3] wurde der Discounter und das damit verbundene Einkaufsverhalten salonfähig. Es gilt heute als »sexy«, Dinge preiswert zu erwerben – schließlich kann man dann mit den Worten eines bekannten Elektrodiscounters behaupten: »Ich bin doch nicht blöd!« Der Verbraucher hat sich zum cleveren Schnäppchenjäger entwickelt, der zugleich bei der Qualität keine Abstriche akzeptiert. Veröffentlichungen, die aufdecken, welcher Markenhersteller hinter einer Handelsware oder einem No-Name-Produkt steht, kommen da ebenfalls sehr gelegen.

Der Preis hat seine Funktion als Qualitätsindikator verloren.

Der Handel nutzt konsequent den technischen Fortschritt. Die Märkte werden ständig aufgerüstet, denn auch im Handel gilt: Investitionen in die Technik zahlen sich schneller aus als eine Aufstockung von Personal. Gleichzeitig bietet die neue Technik dem Handel schier unzählige Möglichkeiten, angefangen bei der Analyse der Kaufgewohnheiten der Kunden über Maßnahmen zur Kundengewinnung und -bindung sowie zur Optimierung von Sortiment, Warenfluss, Aktionen bis hin zur effizienten Beschaffung der Ware. Die generierten Daten werden außerdem eingesetzt, um weiter Druck auf die Lieferanten auszuüben.

Hinzu kommt die rasant wachsende Bedeutung des Internets. Vertriebsorganisationen, die sich auf den Internethandel spezialisiert haben, sind im Markt schon länger fest etabliert, aber auch die großen Handelsketten drängen mehr und mehr in diese spezielle Verkaufssparte. Wie hart der Wettbewerb im Onlinehandel schon geworden ist, zeigt das Beispiel der Elektronik-Fachmärkte

Media Markt und Saturn. Beide Marken gehören zur deutschen Media-Saturn-Holding GmbH, der größten Elektronik-Fachmarktkette Europas. Sowohl Media Markt als auch Saturn sind im stationären Handel sehr gut aufgestellt. Doch im Onlinegeschäft lief es im neuen Jahrtausend nicht den Erwartungen entsprechend. Deshalb kaufte die Holding 2011 den Onlinehändler redcoon, um dieses Geschäftsfeld endgültig für sich zu sichern. Inzwischen gibt es auch für die Marken Media Markt und Saturn ein großes Onlineangebot inklusive diverser buchbarer Dienstleistungen.

Ein Ende des Internet-Booms ist für den Handel noch lange nicht abzusehen. Zwar entdecken einige Händler den Onlinehandel erst recht spät für sich, doch dann geschieht es mit Macht und häufig mit eingeforderter »freiwilliger« finanzieller Unterstützung der Industrie. So verlangte der Drogeriemarkt dm 2015 bereits vor dem Start seines Onlineshops von seinen Lieferanten einen »Begrüßungsbonus« in Höhe von 1,5 Prozent auf den Jahresumsatz.[4] Diese Summe bezog sich jedoch auf den Gesamtumsatz des stationären Handels. 2014 belief sich dieser auf 8,3 Milliarden Euro – davon allein in Deutschland 6,4 Milliarden Euro. Rein rechnerisch betrachtet ergab die Forderung für die Sparte Onlinehandel also einen »Begrüßungsbonus« von 124,5 Millionen Euro und damit eine ansehnliche zusätzliche Liquidität.

Doch für dm wird es sich doppelt rechnen. Zwar kaufen die Deutschen im Vergleich zu ihren europäischen Nachbarn die Drogerieartikel bisher kaum im Internet, doch Experten erwarten schon bald einen deutlichen Anstieg der online verkauften Drogerieartikel. Wer sich diesen Markt also rechtzeitig sichert und die richtigen Dienste bietet, der kann davon in Zukunft massiv profitieren. Noch mehr Chancen verspricht der Onlinehandel mit Lebensmitteln. In Großbritannien und Frankreich wurden 2013 mit E-Food bereits etwa 7,8 Milliarden beziehungsweise 6,7 Milliarden Euro umgesetzt. Das entspricht einem Anteil von grob

5,5 Prozent beziehungsweise 4 Prozent des jeweiligen Gesamtvolumens – Tendenz stark steigend. Bis 2018 soll sich der Umsatz in Großbritannien und Frankreich verdoppeln. In Deutschland liegt der Anteil von E-Food noch bei unter einem Prozent.[5] Doch die großen Händler wollen den Trend auf keinen Fall verpassen und stehen mit eigenen Onlineportalen parat.

Das Erfolgsrezept all der beschriebenen Konzepte der großen Handelsketten lässt sich so zusammenfassen: In der Regel liefern Discounter gute Qualität, was immer wieder durch diverse Tests, zum Beispiel durch die Stiftung Warentest, bestätigt wird. Sie bieten dokumentierte Qualität zu günstigen Preisen an, die regelrechte Preisbrecher sein können. Ferner reagieren sie umgehend auf Verbraucherwünsche und -trends. Das bringt ihnen eine hohe Kundenzufriedenheit ein, wie zahlreiche Auszeichnungen immer wieder belegen. Der Verzicht auf Komfort bei Ladengestaltung und Angebotspräsentation wird von der Klientel problemlos akzeptiert.

Die Lebensmittel-Discounter, die eine Sonderrolle unter den Supermärkten einnehmen, verkörpern dieses Prinzip in Reinkultur. Lebensmittel gehören zum Grundbedarf und sind dementsprechend größtenteils Gewohnheitskäufe. Der Konsument weiß, was er für den täglichen Bedarf benötigt, und auch, was er bevorzugt. Angebote von Supermärkten, die ihm einen Preisvorteil verschaffen, nimmt er bewusst wahr und reagiert darauf, und zwar sogar in der Form, dass er für einen Preisvorteil seine bevorzugte Marke stehen lässt und zum günstigeren Produkt greift.

Eckprodukte im Discounter haben Butterwährung ersetzt.

Dass unter den Handelsketten ein aggressiver Wettbewerb herrscht, dürfte den meisten Verbrauchern mittlerweile bewusst sein. Ständig wird mit niedrigen Preisen geworben, jagen Rabattschlachten durch die Werbung, jede Handelskette hat ein eigenes Kundenbindungsprogramm, und fast wöchentlich kommt es zu »Sales-Aktionen«. Um die Gunst der Kundschaft zu gewinnen, wird nicht nur auf Dauerniedrigpreise, sondern zunehmend auch auf eine Profilierung durch Backshops oder Frischfleischtheken oder durch die Aufstockung des Sortiments oder des Werbebudgets gesetzt. Der Markt ist also mit allen Bandagen hart umkämpft. Es fällt auf, wenn ein Discounter wie Lidl, der jahrelang bestenfalls Printwerbung machte, nun plötzlich aufwendig inszenierte TV-Werbespots zu Qualität und Leistung ausstrahlt. Auch Aldi rüstet auf. Mittlerweile haben die ehemals einfachen Beilagen mit wöchentlichen Angeboten beinahe schon Magazinform, die Angebote werden inszeniert.

Wer zu früh einkauft, den bestraft das Sonderangebot.

»Die Aldisierung unserer Gesellschaft ist in vollem Gange … Was sich zurzeit in Deutschland abspielt, ist das äußere Zeichen eines inneren Verfalls. Eines Verfalls der Werte, der Qualitäten, der Lust am Einkauf, der Begehrlichkeit von Waren, der Faszination des Shopping. Wo führt das hin?«[6], fragte 2004 Bernd M. Michael, CEO Chairman der Grey Global Group. In diesem Zusammenhang fällt mir ein Satz ein, den ich in einem großen deutschen Wirtschaftsmagazin gelesen habe. Sinngemäß hieß es dort: Die Deutschen haben die Werte Goethes an Aldi verkauft.

Wohin die Reise im Lebensmitteleinzelhandel geht, äußert sehr treffend ausgerechnet Klaus Gehrig, Topmanager und Chef von Europas größtem Handelskonzern – der Schwarz-Gruppe, zu der auch Lidl gehört – in einem Interview im *manager magazin*: »Für das Modell Discount gibt es keine Grenzen und keine besetzten Märkte. Es gibt allenfalls Hemmnisse bei der Expansion, etwa politische Restriktionen in einzelnen Ländern.«[7]

Was er damit meint, beschreibt Gehrig im weiteren Verlauf des Interviews: »Wir sind natürlich nicht begeistert, wenn Markenartikler unseren Wettbewerbern exklusive Produktvarianten anbieten. Red Bull zum Beispiel hat für Aldi eine 0,33-Liter-Dose entwickelt. Unserem Lieferanten muss klar sein: Auf derartige Zugeständnisse an die Konkurrenz werden wir konsequent reagieren. Wir haben daher den Preis für unsere Red-Bull-Dosen so stark gesenkt, dass auch Aldi noch weiter runtergehen musste. Wir werden sehen, wer den längeren Atem hat. Für die Markenartikler ist ein solcher Preiskampf natürlich unschön. Aber wir müssen unsere Interessen wahren. Wir bestimmen unseren Verkaufspreis selbst, so wie es das Kartellamt vorgibt.«[8]

Ich selbst habe jahrelang Verhandlungen geführt und kann deshalb die Denkweise von Einkaufschefs nachvollziehen. Allerdings frage ich mich, ob die grenzenlose Jagd nach einem »Billiger als billig« nicht letztlich, neben dem offensichtlichen Schaden für die Wettbewerber und die Produzenten, noch weitaus mehr negative Folgen nach sich zieht. Sie erinnern sich noch an meine Buttergeschichte? Auch dort stand der Preiskampf im Zentrum. Der Allgemeinbevölkerung, aber auch vielen Vertriebsmitarbeitern ist die Aufgabe eines Einkäufers im Handel nur unzureichend oder gar nicht bekannt. Der Einkäufer vertritt die Interessen eines Handelskonzerns oder einer -kette. Wie der Name schon sagt, kauft er für sein Unternehmen ein. Die Aufgabe eines Einkäufers in Verhandlungen mit einem Lieferanten ist einzig und allein, einen Vorteil auszuhandeln – und zwar einen Vorteil für sein eigenes Haus, auch im Vergleich zu den Wettbewerbern. Er will nicht nur, nein, er muss besser sein als sein Wettbewerber. Eine kleine Geschichte beschreibt das Denkprinzip der Einkäufer:

Zwei Freunde treffen sich am Abend. Der eine hat seit Jahren Verantwortung im Vertrieb. Der andere ist ebenso lang leitend im Einkauf tätig. Während des Gesprächs fragt der Verkäufer seinen

Freund: »Etwas habe ich in Verhandlungen mit euch Einkäufern nie verstanden. Wann ist bei euch eine Verhandlung ausgereizt? Wann ist es genug? Also, wann hört ihr auf zu fordern?«

Der Einkäufer antwortet kurz und knapp: »Nie!«

Immer weiter fordern – auf diesem Standpunkt steht auch Topmanager Klaus Gehrig. Welche Tragweite dieses Denken im Zusammenhang mit der Frage »Ausgereizt?« hat, werde ich noch an weiteren, sehr unterschiedlichen Beispielen verdeutlichen. Der Wettbewerb hat sich nämlich in ausnahmslos allen Branchen verschärft.

Sogar unverhohlene Drohungen sind inzwischen probates Verhandlungsmittel.

Was ich zunehmend durch die Kunden, die ich begleite, und von Seminarteilnehmern erfahre, ist zweifellos besorgniserregend. Beispielsweise wurde jahrelang von einer großen Handelskette Druck auf einen ihrer Zulieferer, einen Mineralwasserbrunnen, ausgeübt. Das Mineralwasser sollte unbedingt billiger werden. Ziel der Handelskette war es, die Kosten im Einkauf weiter zu senken. Dabei ging es gar nicht darum, die eigenen Gewinne weiter zu optimieren, sondern vielmehr darum, am Markt den günstigsten Preis zu zeigen. Es ging darum, besser zu sein als der Wettbewerber. Der Mineralbrunnen machte mit, doch irgendwann waren die immer neuen Forderungen seines Kunden nach immer niedrigeren Preisen unerfüllbar. Das interessierte die Einkäufer des Handelsriesen jedoch nicht, sie traten weiter aggressiv auf. Alle Bemühungen des Brunnens, sich gegen das rüde Diktat zu wehren und das Unvermeidliche abzuwenden, blieben erfolglos.

Die Verhandlungen scheiterten schließlich. Der Lieferant stand unmittelbar vor dem Konkurs. Es war ihm unmöglich, seine Produkte zu den geforderten Preisen und Konditionen auszuliefern. Bereits bei der letzten Verhandlungsrunde waren die Preise und Konditionen für den Getränkehersteller unter das für ihn wirtschaftliche Limit gerutscht. Das Unternehmen geriet in Schieflage. Die Handelskette musste, um die eigenen Interessen auf dem Markt zu wahren, letztendlich den Brunnen übernehmen. Das ist für eine Handelskette ganz schlecht: Das Geschäftsmodell des Handels ist darauf ausgerichtet, besser zu sein als der Wettbewerber. Am schnellsten, einfachsten und zuverlässigsten geht das, indem man von den Lieferanten billiger einkauft – billiger als der Wettbewerber. Bei Handelsware funktioniert das einfach und simpel, doch zahlreiche Handelskonzerne haben inzwischen auch eigene Produktionsbetriebe. Dort ist es dann wichtig, preiswert zu produzieren. Zum einen wird das durch niedrige Arbeitslöhne gewährleistet und zum anderen durch den günstigen Einkauf von Rohstoffen, etwa den Kaffee für die Kaffeerösterei.

Bei einem Mineralwasserbrunnen gibt es jedoch zumindest beim Rohstoff Wasser keinen Lieferanten, den man im Preis drücken kann. Inzwischen bietet jeder Handelskonzern ein Mineralwasser in der 1,5 Liter PET-Flasche für 19 Cent an. Umgerechnet kostet der Liter Wasser also kaum mehr als 13 Cent. Mit Mineralwasser lässt sich da nicht mehr viel verdienen. Außerdem: Entgegen der Lehrmeinung sowie der Erwartung der Handelsketten stieg der Absatz – der Mehrverbrauch – durch die Absenkung des Preises von zuvor 29 Cent auf jetzt 19 Cent nur geringfügig an. Was jedoch mit dem Preis sank, ist der Wert des Wassers in den Köpfen der Verbraucher. Es fällt um einiges leichter, einen mehr oder weniger großen Rest in der Flasche einfach wegzukippen.

Ulrich Eggert, Geschäftsführer des Kölner Handelsberaters BBE-Unternehmensberatung GmbH, sagte bereits 1997: »In Zukunft werden nur noch die Discounter handeln, alle anderen werden dienen müssen.«[9] Er sollte mit seiner Einschätzung Recht behalten. Die Situation hat sich sogar noch weiter verschärft, wie die oben zitierten Aussagen von Topmanager Klaus Gehrig unterstreichen. »Bemerkenswert« ist die Tatsache, dass die Inhaber und Gründer der großen Handelsketten, wie die Albrechts, Schwarz, Müller, Rossmann und Werner, jährlich wiederkehrend unter den Top 50 der reichsten Deutschen sind, und das trotz minimaler Umsatzrenditen und eines gnadenlosen Preiskampfs im deutschen Handel. Was dahinter steckt: Die vermeintlich ruinöse Vorgehensweise der Discounter hat System und ist Teil ihrer Strategie.

Auf welchem Weg befinden wir uns? Sind die Vertreter mächtiger Handelshäuser dabei, das Verhandeln zu übertreiben, es auszureizen – und das nicht nur auf den Preis bezogen, sondern auch in der Art und Weise des Umgangs miteinander?

All dies ist zudem keinesfalls allein ein Phänomen des Lebensmitteleinzelhandels. Im nächsten Kapitel betrachte ich die Entwicklung in der Automobilindustrie, in der ich sowohl direkt als auch indirekt in beratender Funktion tätig war und bin und die ebenfalls ein hervorragendes Beispiel für die beschriebene Entwicklung liefert.

In nahezu allen Bereichen des Lebens reizen wir zunehmend unsere Verhandlungsspielräume aus.

Eine Möglichkeit, sich diesem letztendlich ruinösen Preiskampf zu widersetzen, ist die Spezialisierung. Denn tatsächlich sind Kunden gerne bereit, für ein qualitativ hochwertiges, ausgefallenes oder spezielles Produkt oder Warenangebot einen Preis über Discount-Niveau zu zahlen. Das Geschäft meines Vaters überlebte so das Aufkommen der Supermärkte. Es blieb in unserer kleinen Stadt natürlich nicht bei einem Supermarkt. Auf der »grünen Wiese« entstanden weitere derartige Märkte und Kaufhäuser, die sich gegenseitig den Markt streitig machten. Die Menschen fuhren für jedes Schnäppchen dorthin.

Mein Vater überlegte, wie er dem Wettlauf um den kleinsten Preis entkommen könnte. Er spezialisierte sich und legte Wert auf Qualität, ausgefallene Waren und Feinkost. So wie etliche Menschen zum Discounter fuhren, um noch günstiger einzukaufen, so gab es auch Kunden, die gern zu meinem Vater kamen – wegen seines qualitativ hochwertigen Angebots mit Produkten, sowohl aus der Region als auch aus bekannten und weniger bekannten Anbaugebieten, Bergregionen und den Seen und Meeren der ganzen Welt. Er baute sich einen guten Ruf auf, der weit über das ursprüngliche Einzugsgebiet hinausreichte. Als meine Eltern ihren Feinkostladen aus Altersgründen für immer schlossen, wurden sie im Rahmen eines Festes von treuen Kunden mit einem bewegenden Theaterstück überrascht und in den Ruhestand verabschiedet. Ein vorbeigehender Passant und langjähriger Nicht-Kunde blieb stehen und fragte meinen Vater: »Ja, Sie machen jetzt einfach zu! Wo soll ich denn in Zukunft einkaufen?« Die Antwort meines Vaters war knapp: »Na dort, wo Sie in den letzten Jahren auch immer eingekauft haben!«

Zitronen im Auto – Von den Autokonzernen ausgequetscht

Anfang der 1990er-Jahre war ich verantwortlicher Verkaufsleiter einer Zulieferfirma für die Autoindustrie. Trotz mehrerer Standorte in Deutschland und einiger Niederlassungen im Ausland gehörte das inhabergeführte Unternehmen wie viele andere Automobilzulieferer dem Mittelstand an. Lassen Sie mich hier kurz erklären, was mit »Mittelstand« gemeint ist. Nach Definition des Instituts für Mittelstandsforschung (IfM) sind das Firmen, die maximal 500 Beschäftigte haben und einen Jahresumsatz von bis zu 50 Millionen Euro erwirtschaften. Die Bedeutung des Mittelstandes für die deutsche Wirtschaft veranschaulicht die Darstellung auf der folgenden Seite.[10]

Das Unternehmen, für das ich tätig war, verarbeitete Kautschuk und stellte unter anderem Gummipuffer und Gummimetallverbindungen her. Diese speziellen Verbindungen werden in Fahrzeugen in großen Stückzahlen und Ausführungen verbaut. Jedes Aggregat, jeder Motor und das gesamte Fahrwerk werden nicht einfach Metall auf Metall verschraubt, sondern mittels Gummimetallverbindungen schwingungsisoliert und sicher verbunden. Gerade moderne Luftfederfahrwerke haben eine Vielzahl dieser hoch beanspruchten Teile.

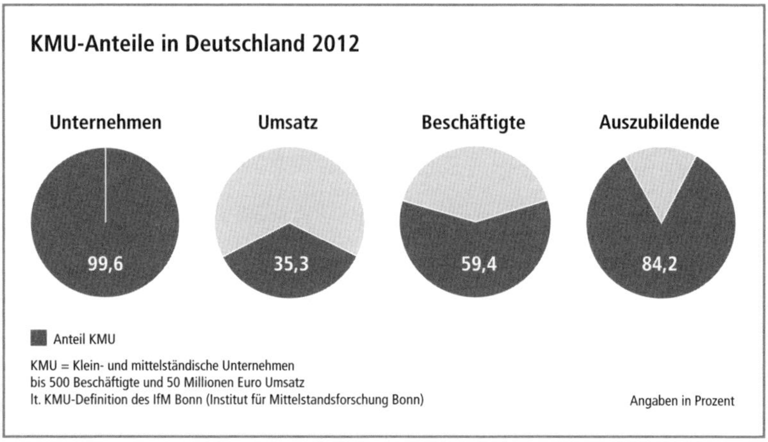

Damals haben wir die Teile sowohl direkt an die Automobilhersteller verkauft als auch an die damals aufkommenden sogenannten Systemlieferanten. Diese haben nicht nur einfach einen elektrischen Fensterheber geliefert, sondern die komplette Tür, samt Glas, Seitenspiegel, Elektronik und eben auch den Fensterhebern. Wir waren in diesem Fall der Zulieferer des Systemlieferanten und befanden uns damit am hinteren Ende der Zulieferkette.

Doch hier wie dort, Preise für diese kleinen Teile waren extrem scharf kalkuliert. In dieser Zeit wurden unzählige Versuche unternommen, um noch günstiger anbieten zu können. Das gesamte Unternehmen forschte, entwickelte und erprobte im Auftrag der Kunden – allerdings ohne dafür bezahlt zu werden. Jedes noch so kleine Einsparungspotenzial sollte eruiert werden. Bei den zugekauften Metallteilen gaben wir den Druck der Kunden an unsere Lieferanten weiter.

»Einkäufer, werdet hart und bleibt hart!«

Otto Jacob, damaliges Vorstandsmitglied der Daimler-Benz AG, anlässlich einer Fachtagung im Jahr 1956

Das Labor experimentierte mit ständig neuen Gummimischungen, und selbst die hauchdünne Schicht des Haftvermittlers zwischen Metall und Gummi – der Primer – blieb nicht verschont. Das Ziel bei all diesen Forschungen lautete immer, billiger zu produzieren – nicht etwa besser! Jeder in der Kette gab den Druck seiner Kunden an seine Lieferanten weiter, der Automobilhersteller an den Systemlieferanten, dieser an den Teilezulieferer, dieser an den Metallteileproduzenten, dieser an den Drahtlieferanten und so weiter.

Der Ton in den Verhandlungen war eisig und bisweilen sehr scharf. Es war eine unangenehme Atmosphäre. Menschlich blieb einiges auf der Strecke – Einkäufer und Verkäufer sprachen nahezu ausschließlich über Preise. Zugleich kam es vor, dass sich die Verhandlungen über Wochen oder sogar Monate hinzogen, immer nach dem Motto: »Einkäufer, werdet hart und bleibt hart!«[11]

Knapp 40 Jahre nach Otto Jacobs klarem Appell an die Einkäufer gelang Ferdinand Piëch, Vorstand der VW AG, ein spektakulärer Coup: Er warb José Ignacio López de Arriortúa von Opel für VW ab und verpflichtete ihn für den eigens für López eingerichteten neuen Vorstandsbereich »Produktionsoptimierung und Beschaffung«. Damit begannen neue, noch härtere Zeiten, besonders – jedoch nicht nur – für die Lieferanten. In den Geschäftsverhandlungen wehte plötzlich ein noch rauerer, noch schärferer Wind. Aufgrund seines rigiden Verhandlungsstils bekam López den Beinamen »Würger von Wolfsburg«.

Als Chefeinkäufer leitete er einen neuen Kurs im Beschaffungswesen ein, der die Zulieferer ohne Rücksicht auf eventuell gewachsene Geschäftskontakte erheblich unter Druck setzte. In der Folge litt darunter die Qualität, teilweise gravierend. Das waren die Jahre, in denen die Karosserien der VWs sehr schnell anfingen, stark zu rosten, und in denen aufgrund vereinfachter Montageleistungen in der Produktion später ganze teure Baugruppen gewechselt werden mussten, um einfache Teile zu ersetzen. So wurde zum Beispiel ein Relais aus dem Sicherungskasten in den Warnblinkschalter verlegt, wodurch bei einem Defekt des billigen Relais der komplette Warnblinkschalter erneuert werden musste. Alles diente nur einem Ziel: Die Beschaffungs- und Produktionskosten für Volkswagen zu senken. Das ging einher mit sinkenden Erlösen und Gewinnen bei den Zulieferern und einem Qualitätsverlust für den Kunden.

Der Ausdruck »Lopez-Effekt« steht für Schund.

Mittlerweile ist Ignacio López Geschichte. Was geblieben ist, ist der Ausdruck »Lopez-Effekt«, der schlicht für Schund steht. Dennoch lieferte López die Blaupause für Verhandlungen in der gesamten Automobilbranche. López selbst formulierte seinen Weg in einem Interview im Jahr 2006 so: »Überall habe ich das gleiche Konzept angewandt. Mein Erfolg bestand darin, die richtige Richtung und das richtige Ziel zu finden und dieser Richtung und diesem Ziel zu folgen. Was ist das Ziel? Diese Frage ist der Schlüssel.« Weiter führt er aus: »80 Prozent aller Teile für ein Auto werden zugeliefert, das heißt extern produziert. Zulieferer verursachen 80 Prozent der Kosten bei der Produktion eines Autos. Um die Qualität eines Autos zu verbessern, muss vor allem die Qualität der Zulieferer verbessert werden. Dafür müssen Sie in die Fabriken der Zulieferer gehen. Bei den Zulieferern bin ich mit meinen Ingenieuren immer zu den Jungs von der Qualitätssicherung gegangen. Denen haben wir die Qualität vorgegeben – und ihnen die Macht gegeben, entsprechende Techniken anzuwenden, die wir für sinnvoll gehalten haben, um die Kosten immer weiter zu senken.«[12]

Ging es damals nun um die Qualität – oder doch nur um die Kosten? Selbst im Rückblick nach über zehn Jahren liest es sich zumindest so, als sei der Preis- und Kostendruck im Deckmantel der Qualitätssteigerung in die Fabriken der Zulieferer gebracht worden.

Welche Formen die Verschärfung des Umgangstons in den Neunzigerjahren annehmen konnte, erlebte einer meiner damaligen Mitarbeiter. Mit noch nicht einmal 30 Jahren hatte ich Anfang 1990 bei dem Automobilzulieferer, für den ich tätig war, bereits Vertriebs- und Personalverantwortung, schon nach sechs Monaten war ich Vertriebsbereichsleiter. Zu meinem Team gehörte unter anderem ein technischer Entwickler namens Graf. Er arbeitete an diversen Projekten für verschiedene Automobilhersteller – darunter auch Volkswagen. Die Aufgabe von Herrn Graf war es, bei den wichtigsten Kunden zum einen dicht an der Entwicklung zukünftiger Automodelle dran zu sein, zum anderen schon sehr früh Kontakt zum Einkäufer herzustellen, damit unser Unternehmen an Ausschreibungen teilnehmen konnte. Im Idealfall konnten wir die Ausschreibung selbst definieren und so auf unsere Leistungen und unseren Betrieb maßschneidern. Auch heute noch ist das eine beliebte und noch immer Erfolg versprechende Strategie: Sorge erstens dafür, dass du direkt oder indirekt die Ausschreibung erstellst und definiere sie so, dass du die Ausschreibungskriterien optimal erfüllen kannst. Stelle zweitens sicher, dass deine Wettbewerber eben das nicht tun können. Erstaunlicherweise wird diese Strategie selbst heute nur von wenigen Lieferanten angewandt.

Herr Graf jedenfalls hatte seinen festen Arbeitsplatz nicht bei uns im Werk in Süddeutschland. Sein Büro befand sich in seiner Privatwohnung in einer Stadt irgendwo in Nordrhein-Westfalen. Herr Graf hatte also eine Art Homeoffice, und das lange bevor sich dieser Begriff im allgemeinen Sprachgebrauch durchsetzte. Die Regeln für ein solches Office waren ganz einfach: Montag bis Donnerstag beim Kunden, Freitag im Büro. Die Planung und die Steuerung erfolgten wie damals üblich über Telefon, Brief und Fax. Besuchsberichte erhielt unsere Firma also über diese traditionellen Kommunikationswege, ebenso verfuhr Graf auch bei den Terminvereinbarungen mit Kunden: Anruf bei der Sekretärin, Termin fixiert, Termin bestätigt per Fax, Postkarte oder Kurzbrief.

Irgendwann hatte Herr Graf einen Termin bei dem für uns zuständigen Einkäufer bei VW in Wolfsburg. Er war am vereinbarten Tag rechtzeitig zur abgesprochenen Zeit in Wolfsburg, wurde, wie es bei VW üblich war, in das Verwaltungsgebäude vorgelassen und wartete dort auf seinen Termin. Warten war für ihn nicht ungewöhnlich, denn so wird oft in Unternehmen verfahren. Von seinem Platz aus hatte er die Aufzugtür im Blick. Die Zeit verging, es war bereits weit nach der vereinbarten Zeit, und die Assistenz des Einkäufers hätte Herrn Graf längst zum Termin führen sollen. Stattdessen passierte gar nichts, während immer wieder ihm unbekannte Menschen aus dem Fahrstuhl ausstiegen, die ihren avisierten Gesprächspartner abholten.

Ein weiteres Mal öffnete sich die Tür des Aufzugs, und in einer Gruppe von Menschen, die herauskam, befand sich auch der für Herrn Graf verantwortliche Einkäufer. Zwar war es ungewöhnlich, dass er vom Einkäufer persönlich zum Gespräch abgeholt wurde, doch es ging um ein wichtiges Projekt, da konnte das durchaus mal vorkommen. Unser Mitarbeiter stand auf, ging auf den Einkäufer zu und begrüßte ihn freundlich. Doch statt ihn willkommen zu heißen, fragte der Einkäufer nur kurz angebunden: »Was wollen Sie denn hier?« Herr Graf verwies auf den vereinbarten Termin zu dem wichtigen Projekt. Mit der schroffen Antwort, die folgte, hatte er nicht gerechnet: »Ich habe mit Ihnen keinen Termin! Sie sehen ja, dass ich in Begleitung bin. Fahren Sie nach Hause, machen Sie sich einen schönen Tag und vereinbaren Sie mit meiner Sekretärin einen neuen Termin.«

Einen »schönen Tag« hatte unser Mitarbeiter natürlich nicht. Nach dem geplatzten Termin lag vor ihm eine Fahrt von etwa 400 km beziehungsweise vier bis fünf Stunden. Das ärgerte ihn, ebenso wie mich später, als ich durch Herrn Grafs Bericht von dieser Geschichte erfuhr. Was mein Mitarbeiter bei VW erlebte, waren üble Tricks im Rahmen einer Taktik des Einkäufers. Das Ziel dieser Taktik besteht darin, den Verhandlungsgegner schon vor der eigentlichen Verhandlung negativ zu beeinflussen, um sich einen Vorteil zu verschaffen.[13]

Jemanden anreisen lassen und dann den Termin platzen lassen – alles Teil der Taktik.

Seit diesem Erlebnis bei VW sind fast 25 Jahre vergangen. Viel verändert hat sich seitdem allerdings nicht. Im Gegenteil: Seminarteilnehmer und Zuhörer meiner Vorträge berichten immer wieder von denselben Tricks, nur haben sich die Taktiken seitdem noch mehr verfeinert. Warum sollte sich auch etwas ändern, wenn die Tricks noch immer funktionieren? Und immer noch kommen neue üble Methoden hinzu. Unterm Strich wird der Druck auf die Zulieferer immer weiter erhöht. So veröffentlichte die *WirtschaftsWoche* in der Januar-Ausgabe 2015 einen Bericht über die Methoden in der Automobilbranche: »Ausbooten, austricksen, ausnehmen – noch nie waren die Methoden der Autokonzerne gegenüber kleinen und mittelgroßen Subunternehmern so brutal«[14], heißt es darin.

Eine neue Variante ist beispielsweise die sogenannte Mehrraumverhandlung, bei der sich die Teilnehmer gegenseitig unterbieten müssen. Die Autohersteller lassen regelmäßig Zulieferer buchstäblich gegeneinander antreten, wenn die Konzerne Aufträge für ein neues Modell zu vergeben haben. Die Mehrraumverhandlungen sind eine gängige, aber längst nicht die einzige Strategie, mit der Autokonzerne Zulieferern den letzten Cent abpressen – und das mit zunehmender Härte. Partnerschaft, das habe es noch in den Achtzigerjahren gegeben, so ein Berater, der vor seinem Wechsel in die Beratung 27 Jahre lang in der Zuliefererindustrie tätig war, Anstand und Respekt seien jedoch mittlerweile verloren gegangen.[15]

Anfang der 1990er-Jahre stand auch das Prestigeprojekt eines anderen Autobauers in den Startlöchern: Mercedes-Benz wollte die neue S-Klasse auf den Markt bringen. Schon damals waren die Erwartungen an dieses Modell immens hoch. In dieser Baureihe luxuriöser Limousinen und Coupés, die von 1991 bis 1998 vom Band lief, wurde erstmals in großem Umfang Elektronik eingebaut. Dazu gehörten Komponenten wie die elektronische Stabilitätskontrolle, die Fahrdynamikregelung oder die Vernetzung der Steuergeräte, aber auch die elektronische Einparkhilfe und die automatisch ausfahrbaren Peilstäbe im Kofferraum, die alle in Serie zum Einsatz kamen.

Unternehmen stehen förmlich Schlange, um an Premiumautos beteiligt zu sein.

Bis heute steht die S-Klasse für ganz besonderen Luxus in Verbindung mit Fortschrittlichkeit, und das nicht nur beim Hersteller selbst. Vielen gilt sie als das beste Auto der Welt. Aus diesem Grund standen damals wie heute viele Unternehmen förmlich Schlange, um sich an dieser Klasse von Premiumautos zu beteiligen – und sei es auch nur in Form von kleinen Gummipuffern, wie mein Unternehmen sie herstellte. In gewisser Weise sind Automobile wie die S-Klasse »Flaggschiffe«, also Aushängeschilder der Autokonzerne und gleichzeitig Technologie- und Innovationsträger für eine ganze Branche. Viele Neuerungen kommen zum ersten Mal bei diesen Fahrzeugen zum Einsatz und werden anschließend mit einer angemessenen Anstandsfrist in andere Modellreihen übertragen.

Die Herstellung eines solchen Technologie- und Innovationsträgers ist – »Natürlich!«, werden Sie jetzt wohl denken – eine teure Sache. Die Kosten sind zu decken, Kosten für Innovationen, für modernere Ausstattung, größeren Fahrkomfort oder Sicherheit. Daher ist der Hersteller verständlicherweise daran interessiert, diese Kosten zu minimieren. Die »Schmerzgrenze« der Zulieferer, die an einem solchen Projekt mitwirken möchten, idealerweise als Entwicklungspartner, liegt besonders hoch, denn zum einen möchten sie das neue Produkt selbst als Aushängeschild verwenden und zum anderen bei neuen Technologien von Anfang an dabei sein. Viele Zulieferer sind bereit, dafür sehr viel zu tun. Sie entwickeln nach Herstellervorgaben auf eigene Kosten, erstellen Prototypen und Muster und offerieren dem Hersteller schon im Vorfeld – lange bevor es zu einem Serienanlauf kommt – aggressive Kampfpreise. Die Gefahr, dass der Lieferant selbst am Ende draufzahlt, um den prestigeträchtigen Auftrag zu bekommen, wird dabei billigend in Kauf genommen.

Auch das Unternehmen, bei dem ich Verkaufsleiter war, hatte Ambitionen, an der Entwicklung und Herstellung der S-Klasse beteiligt zu sein. Unser Beitrag bestand darin, kleine Gummipuffer zur festen und gleichzeitig schwingungsisolierten Fixierung der kompletten Fensterhebereinheit in den Seitentüren zu liefern. Diese Gummipuffer bestehen im Grunde genommen aus drei Teilen: links und rechts ein Stück Metall mit einem Gewinde dran und in der Mitte schwarzes Gummi. Die Besonderheit besteht darin, dass die Metallteile selbst nicht miteinander verbunden sind. Die Übertragung auftretender Kräfte erfolgt also über eine Art Klebeverbindung, die besonders anfällig ist für Scherkräfte, bei der Flächen zueinander verschoben und damit verformt werden. Der Stückpreis für diese kleinen Gummiteile lag bei unter 50 Pfennigen.

Dieser Preis war dem Auftraggeber jedoch zu hoch. Der Hersteller wollte – nein, musste – den Preis weiter drücken. Selbstverständlich gibt es auf dem Markt immer jemanden, der eine

Ware noch ein bisschen günstiger anbietet. Daher wurde uns rasch sehr deutlich mitgeteilt: »Ihr seid zu teuer!« Wir stiegen nach einer Weile aus diesem Preiskampf aus. Der Gummipuffer konnte aus unserer Sicht nicht noch billiger verkauft werden, und darüber hinaus wollten wir das auch nicht, denn bei einem noch niedrigeren Preis hätte die Qualität erheblich gelitten. Uns waren unser Qualitätsanspruch sowie das Vertrauen in unser Produkt wichtiger als ein Auftrag um jeden Preis. Wir verzichteten mit der Absage allerdings auch auf das Prestige, am Bau dieses Luxus-Autos beteiligt zu sein.

Unter niedrigen Preisen leidet die Qualität.

Der Automobilhersteller wandte sich an einen anderen Zulieferer, der den gewünschten Gummipuffer zu einem, wie uns gesagt wurde, »wesentlich geringeren« Stückpreis anbot. Auf den ersten Blick schien das ein durchaus lukratives Geschäft für den Hersteller zu sein, denn es ist klar; je weniger die Automobilfirma an jeden einzelnen Zulieferer bezahlt, umso niedriger sind die Gesamtkosten für das Fahrzeug und umso größer fällt der Gewinn für den Hersteller aus.

Also wurde an allen Teilen und noch so kleinen Beträgen gespart – und das, obwohl es sich um die Königsklasse des Automobilbaus handelte. Und dennoch war die S-Klasse etwas ganz Besonderes und wurde auch so be- und gehandelt.

Doch das scheinbar äußerst gewinnbringende Geschäft wuchs sich bereits mittelfristig zu einem Verlust an ganz anderer Stelle aus: Die billiger hergestellten und produzierten Gummipuffer für die Fensterheber waren mit dem Fahrzeug schlichtweg überfordert. Die S-Klasse der Baureihe 140 hatte damals Doppelglasscheiben in den Seitentüren, die besonders wärme- und vor allem schallisoliert waren. Dieser Vorteil bedingte jedoch ein sehr hohes Gewicht der Seitenscheiben. Große Temperaturunterschiede und besonders Kälte in Verbindung mit Eis und Schnee brachten die Fensterhebersysteme an ihr Leistungslimit und darüber hinaus: Die billigen Gummipuffer unseres Wettbewerbers hielten solchen Witterungsverhältnissen in Verbindung mit den schweren Scheiben einfach nicht stand. Sie brachen reihenweise an den Haftstellen ab. Und obwohl in jeder Fensterhebereinheit drei dieser Gummipuffer verbaut waren, genügte schon ein ausgefallenes Teil und die Scheibe ließ sich nicht mehr vollständig schließen.

Es kam also öfter vor, dass Fahrer dieser Luxuslimousine am Zugang zum Parkhaus die Scheibe herunterließen, um einen Parkschein zu lösen, und anschließend das Fenster nicht mehr vollständig schließen konnten. Mitten im Winter war mit einem offenstehenden Fenster die Fahrt beendet. Ein Bauteil im Wert von weniger als 50 Pfennig war also in der Lage, einen Luxuswagen mit einem damals atemberaubenden Preis von rund 100 000 D-Mark (52 000 Euro) außer Gefecht zu setzen. Autos zu Preisen, für die man zu Recht Luxus erwartete, blieben also wegen offener Fenster stehen, weil der Hersteller ein paar Pfennige an einem kleinen Bauteil sparen wollte – und konnte.

Luxuslimousine mit »Schönheitsfehlern« – überall wird gespart!

Für ein Prestigeprojekt einer solchen Größenordnung ist das selbstverständlich eine Katastrophe. Ein paar Pfennige, die pro Bauteil gespart werden, sind scheinbar wenig. Sie summieren sich in der Serie jedoch rasch zu mehrstelligen Summen auf, die zunächst als Plus in der Erfolgsbilanz des Einkaufs auftauchen – und das nur bei einer einzigen Komponente! Was sich aufgrund der minderen Qualität allerdings ebenfalls anhäuft, sind die

Schäden am Auto. Diese machen mehr kaputt als nur die nüchterne finanzielle Bilanz.

Gerade innerhalb der Automobilbranche war die Einstellung »Hauptsache, billig« eine Zeitlang besonders weit verbreitet und ist es noch. Nicht nur vergleichsweise nebensächliche Extras wie Fensterheber funktionieren nicht oder fallen aus, selbst wichtige, ja, lebenswichtige Ausrüstungsgegenstände lassen zu wünschen übrig. Ein Beispiel aus jüngerer Vergangenheit betrifft den Airbag: Ein Modell dieses Sicherheitssystems wurde in zahlreichen Fahrzeugen mehrerer Autobauer eingesetzt, obwohl es qualitativ minderwertig war. Das hatte eine massive Gefährdung der Sicherheit der Fahrer und Beifahrer zur Folge. Ausgerechnet die Airbags, die eigentlich für mehr Sicherheit im Fahrzeug sorgen sollten, explodierten während der Fahrt unkontrolliert und schleuderten dabei Metallteile herum. Sechs Menschen kamen dadurch ums Leben.[16]

Mit dem Airbag-Skandal erreichten die Folgen des Einsparens eine neue Dimension.

Vor diesem Hintergrund erscheinen die Ansichten des ehemaligen Porsche-Chefs Wendelin Wiedeking, die er 2008 in einem Buch niederschrieb, besonders bemerkenswert, da sie ein regelrechtes Gegenmodell zur gängigen Praxis in der Automobilbranche bilden. Der Topmanager geht auf das besondere Image von Porsche ein, für das das Unternehmen immer wieder gelobt und ausgezeichnet wurde. Von diesem Standpunkt aus fordert er ein Umdenken der verantwortlichen Manager. Porsche sei schon immer bestrebt gewesen, die Existenz und den Ruf des Unternehmens zu sichern, auch wenn das eine Zielsetzung war, an die die Branche als Ganzes Anfang der Neunzigerjahre nicht mehr zu glauben schien. Doch Porsche ging einen anderen Weg als die Konkurrenz.

Wiedeking schreibt mit Blick auf die Kostensenker: »Warum steht nicht am Anfang die Frage, mit welchen Ideen neue Märkte erobert werden können, um mehr Menschen zu beschäftigen? Oder zumindest keine zu entlassen? [...] Nicht mit Kostensenkung, nur mit neuen Produkten, neuen Märkten, letztendlich also mit dem Know-how von Menschen, vermehrt sich das Geld weiter.«[17] Des Weiteren verweist er darauf, dass Manager neben ihren betriebswirtschaftlichen Aufgaben auch die Pflicht haben, einen Beitrag zum Gemeinwohl zu leisten. »Dauerhaften Erfolg hat ein Unternehmen nur, wenn es langfristig denkt und handelt. Es geht darum, Visionen zu entwickeln, mit denen sich Kunden, Lieferanten, Mitarbeiter und Aktionäre identifizieren können.«[18]

Man muss Folgendes berücksichtigen: Porsche ist der David der Branche gewesen, der den Goliaths des Industriezweigs bis zur Übernahme durch VW erfolgreich Paroli geboten hat. Jedoch war das Unternehmen bereits zu der Zeit, in der Wiedeking sein Buch *Anders ist besser* schrieb, durch die Modellreihe des Cayenne von VW abhängig. Diese Abhängigkeit wollte der Topmanager – was nachvollziehbar ist – aufwiegen, zumindest jedoch etwas abmildern. Deshalb strebte er die Beteiligung von Porsche an Volkswagen an.

2009 schrieb die *Welt*, »Porsche hat sich beim Versuch, Volkswagen zu kaufen, verhoben« und müsse nun wegen der hohen Schulden von Porsche eine Not-Allianz eingehen, ausgerechnet mit Volkswagen.[19] Typisch ausgereizt! Wiedeking schreibt in seinem Buch, dass Porsche »gutes Geld« verdienen wolle, um die Zukunft des Unternehmens zu sichern. Das sind ehrenhafte Ziele. Doch vor dem Hintergrund des gesamten Verhaltens der Branche und der weiteren Entwicklung der Beziehungen zwischen Porsche und VW kommt die Frage auf, ob nicht auch bei Porsche aus ökonomischen Gründen so manches zunächst über- und in der Folge ausgereizt wurde.

Sparen ist längst in vielen Bereichen des Lebens zum Volkssport geworden, und gerade die Automobilbranche führt vor, wie weit man es treiben kann. Sicherlich ist es oft notwendig, auf die Kosten zu achten, doch ein gewisses »Maßhalten beim Sparen« scheint besonders in der Automobilbranche vollkommen verloren gegangen zu sein.[20] Sparen um jeden Preis – wozu das führen kann, veranschaulicht der Airbag-Skandal oder auch Beispiele von schlecht funktionierenden Bremsen. Sparen wird hier über alles andere gestellt. Nachhaltigkeit, Sicherheit, Menschlichkeit oder auch der Ruf eines Unternehmens bleiben dabei auf der Strecke.

Auch mit der Sparsamkeit kann man es übertreiben.

In der Automobilbranche, aber auch in vielen anderen Wirtschaftssparten gibt es grundsätzlich drei Unternehmensbereiche, in denen sich durch Einsparungen letztendlich höhere Gewinne erzielen lassen: im Einkauf, beim Personal und beim Produkt selbst. Welche Folgen Einsparungen im Einkauf haben, darauf bin ich bereits eingegangen. Ein weiterer Bereich, in dem man Einsparungen vornehmen kann, ist das Personal. Stellenabbau und Lohnkürzungen für die Arbeitnehmer sind heutzutage an der Tagesordnung. Da die Personalkosten häufig einer der größten Posten in einer Bilanz sind, gehören sie zu den ersten Dingen, bei denen die Schere angesetzt wird. Das kann sich allerdings nachteilig auswirken, denn die Arbeit, die verrichtet werden muss, wird auch bei abgebautem Personal nicht weniger.

Outsourcing – ist das die ökonomische Erfolgsformel?

Aus diesem Grund werden oft Aufgaben, darunter auch komplette Produktionsketten, ausgelagert. Die Zauberformel lautet: Outsourcing. Statt eigene Mitarbeiter zu beschäftigen, gibt das Unternehmen Aufträge an Fremdfirmen. Sie sollen dann die notwendigen Produktionsaufgaben erledigen, natürlich zu günstigeren Konditionen. Genau hier liegen das Risiko und die Schwäche des Ausgliederns, für die wieder die Automobilbranche einige anschauliche Beispiele liefert: Ein großer Autokonzern setzte im Zuge der zunehmenden Digitalisierung der internen Prozesse ein IT-Projekt auf. Die Software für verschiedene Funktionen, die das Auto benötigte, musste entwickelt werden. Das intern zu erledigen, Computerspezialisten, Informatiker und Programmierer anzustellen, ergab also durchaus Sinn: Denn wer kennt die Bedürfnisse und die Spezifikationen der Arbeitsabläufe besser als hauseigene Mitarbeiter?

Im Laufe der Zeit erlag diese Abteilung ebenso wie alle anderen dem Diktat des Sparzwangs; mehr und mehr Aufgaben, die zuvor ganzheitlich im Mutterkonzern bearbeitet und entwickelt worden waren, wurden »outgesourct«. Zunächst schlug das wegen geringerer Lohnkosten günstig zu Buche. Der nun verpflichtete Zulieferer profitierte von dem Umstand, für einen großen Automobilkonzern zu arbeiten. Unter anderem konnte er diese Zusammenarbeit als Referenz nutzen, um Neukunden zu werben. Außerdem war der Autohersteller für den Zulieferer ein fester Kunde, der ihn regelmäßig mit Aufträgen versorgte. Der Preis dafür war jedoch, dass nach den relativ strengen Vorgaben des Mutterkonzerns gearbeitet werden musste. Der Zulieferbetrieb wurde also zunehmend auf die Bedürfnisse des Autoherstellers zugeschnitten.

Doch auch dem Mutterkonzern bringt das Auslagern von Aufgaben an Fremdfirmen nicht nur Vorteile. Vor allem ein Nachteil sollte nicht unterschätzt werden, auch wenn er sich erst mittel- bis langfristig auswirkt: Durch das Outsourcing geht schrittweise wertvolles Wissen verloren. Die Fremdfirmen können die Aufgaben nur dann adäquat erfüllen, wenn ihnen Know-how zur Verfügung gestellt wird. Dieses Wissen braucht der Konzern jedoch selbst, um im Wettbewerb immer wieder die Nase vorn zu haben.

Mit dem Outsourcing geht wertvolles Wissen verloren.

Hinzu kommt ein weiterer Aspekt, der risikobehaftet ist: Die gewohnte Qualität kann beim Outsourcing oft nicht beibehalten werden. Ein Grund dafür liegt darin, dass Fremdfirmen häufig von der internen Planung ausgeschlossen sind. Der Mutterkonzern will durch dieses Vorgehen einem möglichen Wissensschwund durch das komplette Auslagern komplexer Bereiche (etwa bei IT-Leistungen) verbeugen. Doch der Hund beißt sich an dieser Stelle in den eigenen Schwanz, denn so entsteht die Gefahr von Schäden und allgemein unzureichender Qualität, da der Zulieferer nur lückenhaft informiert ist, und das, obwohl die Steuerung der entsprechenden Projekte natürlich im Mutterkonzern verbleibt.

Wirtschaftlicher Kannibalismus zeichnet sich ab.

Die Fremdfirmen geraten ebenfalls oft in die Kostenspirale. Auch sie gehen dann das Risiko ein, selbst Aufträge und damit auch das dazugehörige Wissen auszulagern, um den vorgegebenen Preis halten zu können. Die Subunternehmer der Fremdfirmen sitzen auf ausdrücklichen Wunsch des Auftraggebers in anderen Ländern wie China, Indien oder Brasilien, also auf anderen Kontinenten. Die Lohnkosten sind dort entscheidend niedriger als in Europa oder den USA. Im extremsten Fall kann es dann dazu kommen, dass sich der Mutterkonzern irgendwann direkt an den

Zulieferer des Zulieferers wendet – kann dieser doch mithilfe des weitergegebenen Wissens selbst so billig produzieren, wie es keinem Unternehmen in Europa oder gar in Deutschland möglich wäre. Eine Form des wirtschaftlichen Kannibalismus zeichnet sich ab, sogar bei reinen Wissensprodukten wie Beratung, IT-Leistung, Programmierung, Forschung und Entwicklung.

Einen weiteren Faktor darf man bei Einsparungen im Personalbereich ebenfalls nicht außer Acht lassen: Die eigenen Mitarbeiter sollten im Idealfall zu den eigenen Kunden gehören. Das bedeutet: Mitarbeiter von Opel sollten Opel fahren, Mitarbeiter von Hugo Boss sollten Boss tragen und so weiter. Wenn der »Kunde Mitarbeiter« jedoch kein Geld hat, dann kann er auch nichts in die eigenen Produkte investieren. Können sich die Mitarbeiter das Produkt, das sie herstellen, selbst nicht leisten, haben sie auch nicht die Möglichkeit, zugleich als begeisterte Kunden dafür zu werben.

Wie auch immer man es dreht und wendet, auch hier gilt: Wer das Augenmaß verliert, läuft Gefahr, dass er sich durch einen Teufelskreis von Sparmaßnahmen selbst abschafft. Wer länger darüber nachdenkt, stellt sich unwillkürlich die Frage, ob den Firmen, ja, ob allen, die diese Politik betreiben, dieser Umstand überhaupt bewusst ist.

Die Frage lautet: Ist Geiz wirklich noch geil?

Der dritte große Bereich, in dem gespart werden kann, ist das Produkt selbst. Das geht natürlich auch hier schon beim Einkauf der Einzelteile los, denn je billiger eingekauft und produziert wird, desto höher ist bei gleichem Verkaufspreis der eigene Gewinn. Alternativ kann bei geringeren Kosten und gleichem Gewinn eben günstiger verkauft werden. Und so wird heute von vielen Herstellern immer öfter verfahren, sehr zur Freude der Kunden.

Ein Werbeslogan, der vor rund 15 Jahren Furore machte, lautete »Geiz ist geil«. Es galt – und gilt auch heute noch – zu sparen, was das Zeug hält, und sei es nur an kleinen Dingen. Der Blick auf die Qualität geht dabei verloren. Hauptsache, man hat das gewünschte Produkt so günstig wie möglich eingekauft. Was man als Verbraucher bei aller Freude über ein sogenanntes Schnäppchen jedoch oft vergisst, ist die Tatsache, dass ein billiger Preis auch bedeutet, dass das Produkt billig hergestellt wurde. Infolgedessen ist die Haltbarkeit des Produkts fragwürdig – viele der »Schnäppchen« gehen rasch kaputt. Man muss sich also früher als erwartet schon wieder mit dem Kauf eines neuen Produkts beschäftigen und erneut investieren. Für den Hersteller ist das auf den ersten Blick von Vorteil, denn innerhalb kürzester Zeit muss der Kunde das Produkt ein zweites Mal kaufen, und so verbucht der Hersteller durch den zweiten Kauf einen zusätzlichen Gewinn.

Obwohl der Konzern billiger produziert, billiger einkauft und weniger Personalkosten hat, werden die Produkte für den Kunden unterm Strich also oft nicht billiger, sondern sogar noch teurer – und zwar wegen der sinkenden Qualität und der dadurch schon früher notwendigen Ersatzbeschaffung oder Reparatur. Für dieses Vorgehen gibt es auch wohlklingende Namen: Effizienzsteigerungsprogramme oder einfach Effizienzprogramme. Doch ob diese Strategie auf lange Sicht wirklich so erfolgreich ist, wie es zunächst scheint, ist äußerst fraglich: Kaufe ich als Kunde tatsächlich das gleiche Produkt noch einmal, wenn ich unzufrieden bin, ja mich sogar regelrecht getäuscht fühle? Geht so nicht Vertrauen verloren?

Tatsächlich hat die »Sparwut« der Unternehmen viele Folgen für den Endverbraucher. Eine augenfällige Konsequenz ist die mangelnde Qualität der Produkte. Dass dies, gerade in der Automobilbranche, sogar lebensbedrohlich werden kann, zeigt das bereits beschriebene Beispiel der defekten, nicht ordnungsgemäß funktionierenden Airbags. Ein paar Jahre zuvor waren Bremsen von Toyota betroffen. Wegen einer defekten Dichtung konnte es zu Undichtigkeiten am Bremssystem verschiedener Typen kommen. Eine Rückrufaktion von historischer Größe musste durchgeführt werden, weltweit wurden rund 1,75 Millionen Autos der Marken Toyota und Lexus in die Werkstätten zurückgerufen, um eine Dichtung am Hauptbremszylinder oder gar den Bremskraftverstärker zu tauschen.

In einem anderen und etwas größeren Fall traf es General Motors (GM). Diesmal waren es defekte Zündschlösser in den Autos von GM. Der Konzern hat deswegen 2,6 Millionen Autos zurückrufen müssen. Erst nach und nach stellte sich allerdings das gesamte Ausmaß des Skandals um die defekten Zündschlösser heraus: Über 120 Tote und mehr als 270 Verletzte werden damit in Verbindung gebracht.[21] GM zahlt für jedes Todesopfer mindestens eine Million Dollar, hinzu kommen Entschädigungszahlungen an Hinterbliebene, Verletzte, eine Strafzahlung in Milliardenhöhe und eine Geldbuße wegen der verspäteten Rückrufe.[22]

In einem anderen Skandal drohte GM in den USA gar der Rückruf von sechs Millionen Autos – wieder wegen Sicherheitsmängeln. In diesem Fall war das Problem der plötzliche Bremskraftverlust aufgrund verrosteter Bremsen.[23]

In einigen Fällen, wie bei den Gummipuffern für die Fensterheber oder dem defekten Dichtungsring in den Bremsen von Toyota, sind es kleinste Einzelteile, die zum Versagen des gesamten Systems führen, und häufig ist es so, dass trotz aller Ersparnisse bei diesen kleinen und kleinsten Teilen das Gesamtprodukt nicht billiger wird, weder für den Produzenten noch für den Endkunden. Im Gegenteil, es wird teurer, verursacht noch zusätzliche Kosten und meist auch unnötigen Ärger.

Das zuvor beschriebene Beispiel der defekten Fensterheber in der Luxusklasse zeigt das anschaulich: Zwar sparte der Konzern beim Einkauf der Einzelteile bestimmt viel Geld ein, doch machte dies das Endprodukt in keiner Weise günstiger. Ein Auto der Oberklasse kostete in den Neunzigerjahren schon über 80 000 D-Mark (41 000 Euro), heute kosten solche Autos entschieden mehr, beinahe das Doppelte: Die Preisspanne reicht von rund 70 000 bis zu 150 000 Euro, und das, obwohl gerade die Automobilbranche dafür bekannt ist, die Preisschrauben fester und fester anzuziehen – manchmal sogar mit geradezu kriminellen Methoden – und so im Grunde immer weniger für das Endprodukt ausgibt.

So wie es aussieht, werden die jährlichen Einsparungen aus den Verhandlungen mit den Lieferanten also nicht an die Käufer von Neuwagen weitergegeben. Die Kurven der Entwicklung von Gehältern und Gebrauchtwagenpreisen zeigen im Zeitraum von 1994 bis 2014 den nahezu gleichen Anstieg, während sich die Preise für Neuwagen deutlich abgehoben haben. So stiegen die Netto-Gehälter von circa 16 000 Euro im Jahr 1994 auf rund 21 000 Euro im Jahr 2014, was einer Zunahme von rund 30 Prozent in 20 Jahren entspricht.[24] Im gleichen Zeitraum entwickelten sich die Gebrauchtwagenpreise von durchschnittlich 7500 Euro auf knapp 10 000 Euro, also ebenfalls ein Plus von etwa 30 Prozent.[25] Die Preise für Neuwagen stiegen dagegen von durchschnittlich 17 000 im Jahr 1994 auf 28 300 Euro im Jahr 2014 – ein Zuwachs von über 60 Prozent in 20 Jahren.[26]

Das bedeutet, Arbeitnehmer arbeiten im Schnitt immer länger, um sich einen Neuwagen leisten zu können, oder sie steigen gleich auf einen Gebrauchten um. Es wird auch deutlich, dass der Wertverlust, den ein Neuwagenkäufer in den ersten Jahren, ja sogar schon am Tag der Zulassung, tragen muss, von Jahr zu Jahr immer größer wird. Und je mehr Verbraucher auf gebrauchte Autos umsteigen, umso höher wird der Wertverlust, den die verbliebenen Neuwagenkäufer tragen, die zum Listenpreis kaufen.

Je teurer Neuwagen werden, desto mehr überlegen sich zunächst Privatkunden, später auch Unternehmen, ob sie dafür das verdiente Geld ausgeben. Gebrauchtwagen stellen eine gute

Alternative dar – und das umso mehr, wenn man bedenkt, dass sich die mangelnde Qualität gerade der neuen, angeblichen Technologie- und Innovationsträger herumgesprochen hat. Wer möchte Geld für einen teuren Wagen, ein Prestigeobjekt, ausgeben, wenn die Gefahr von Fehlfunktionen besteht und der Luxus, für dessen Kauf man sich eigentlich bewusst entschieden hat, dadurch eingeschränkt wird?

Es wird sich zeigen, ob vor dem Hintergrund dieser Überlegungen auf Dauer die Kundschaft der Premiumklasse trotz aller Marketing-Bemühungen der Hersteller weniger wird. Der Konsument versteht zunehmend, dass durch die eingesparten Material- und Produktionskosten, verbunden mit dem Prestige der Marke, die höchsten Gewinnmargen eingefahren werden – und dass diese nur dem Unternehmen, nicht aber dem Endkunden zugutekommen. Das ist für die Firmen nachteilig, und allmählich sind die Folgen spürbar.

Welche Dimensionen die generelle Gewinnoptimierung mittlerweile angenommen hat, zeigt die Zahl, die VW-Chef Martin Winterkorn 2014 vorgab, um die Gewinne seines Konzerns zu retten: Ganze fünf Milliarden in rund drei Jahren sollten eingespart werden, kündigte er an. Dazu setzte er in allen Bereichen den Rotstift an. Besonders aber, so Winterkorn, müsse überlegt werden, welche Arbeiten in Zukunft von Zulieferern übernommen werden könnten. Das Ziel dieser Vorgabe war, das Unternehmen zur weltweiten Nummer eins der Branche zu machen.[27]

VW-Chef Winterkorn will fünf Milliarden Euro in rund drei Jahren einsparen.

In der Weitergabe von Aufträgen und ganzen Produktionsabläufen bestehen jedoch, neben den bereits genannten, noch weitere Risiken: Wer Arbeitskraft outsourct und versucht, immer billiger einzukaufen, zwingt damit den Zulieferer, sich zu spezialisieren. So kann das gewünschte Produkt noch sehr viel günstiger hergestellt werden, als es ohnehin schon der Fall ist, doch der Lieferant gerät durch diesen Schritt in eine Abhängigkeit, die man durchaus hinterfragen kann.

Die Konsequenzen einer solchen Verkettung von Dependenzen zeigt das im ersten Kapitel beschriebene Beispiel der Handelskette und des Mineralwasserbrunnens auf: Dabei wurde das Drehen an der Preisschraube ausgereizt, sodass der Supermarktkette schließlich nichts anders übrigblieb, als den Betrieb zu hohen Kosten selbst zu übernehmen und zu sanieren, da kein anderer Unternehmer Wasser in der gewünschten Qualität zum gewünschten Preis liefern konnte. Mit anderen Worten: Der Abnehmer zahlte am Ende mehr – er hatte ein marodes Unternehmen »am Hals« und kaum eine Möglichkeit, die Ware selbst an andere Abnehmer zu verkaufen. Die Chance, diese Sparte beziehungsweise das Unternehmen rentabel werden zu lassen, war damit vertan. Ähnliches geschieht auch in der Automobilbranche immer wieder.

Die Einsparungen machen echte Neuerungen praktisch unmöglich.

Der Wunsch, immer weiter an der Preisschraube zu drehen, immer billiger einzukaufen, noch günstiger zu produzieren, ist also nicht sehr nachhaltig, unabhängig davon, welche Ebene man betrachtet. Indirekt lässt sich das auch an der Berichterstattung der Fachpresse ablesen: Selbst Kleinigkeiten, die von einem Auto zum anderen weiterentwickelt wurden, werden zu »Innovationen« erklärt, und positive Veränderungen werden geradezu hochgejubelt. Selbst wenn einfache Plastikteile durch nichts anderes als chromlackierte Bauteile ersetzt werden, wird schon von

»hochwertigerer« Ausstattung gesprochen. Dabei sind diese Veränderungen marginal.

Schon im Jahr 2001 behauptete ein Insider der Automobilbranche mir gegenüber, dass Autos in naher Zukunft nur noch modulare Systeme sein würden. Im Grunde ist dieser Zustand bereits erreicht: Durch die Verbilligung in allen Sparten – Personal, Einkauf, Material, Produktionsabläufe –, die bei der Produktion eines Wagens eine Rolle spielen, sind Innovationen und neuartige Entwicklungen, also echte Neuerungen, die nicht bloß simple Weiterentwicklungen sind, sondern über Varianten des bereits Bestehenden hinausgehen, in den Autos kaum mehr zu erwarten. Die Fahrzeuge ähneln sich zunehmend. Im Grunde gleichen sich heutzutage alle Wagen innerhalb der jeweiligen Baugruppen. Echte Unterschiede gibt es häufig nur noch in der Karosserie.

Die Fahrzeuge deutscher Hersteller sollen zwar immer besser werden, doch in den seltensten Fällen anders. Echte Neuerungen in der Serienreife sind aus Deutschland derzeit wohl nicht zu erwarten. Beschaffungs- und Produktionsabläufe, die vorrangig aufs Einsparen ausgerichtet sind, verhindern echte Neuerungen. Und wenn es keine echten Neuerungen gibt, fragt sich der Kunde, ob er die vermeintlichen Innovationen, die eben nicht über die Varianten des Bestehenden hinausgehen, überhaupt braucht.

Eine Marke ist wie ein Konto, auf das eingezahlt und abgehoben wird.

Die Produkte, in diesem Fall die Autos, ähneln sich in Bau und Funktionsweise also immer mehr. Egal, ob Škoda, VW oder Toyota – das Produkt ist austauschbar geworden. Unternehmen können nur noch darauf hoffen, dass die Marke an sich – beziehungsweise ihr Ruf, der über Jahre, oft sogar Jahrzehnte hinweg aufgebaut wurde – den gewünschten Kaufimpuls liefert. Wie bei einem Bankkonto wird auf den Markenwert eingezahlt und abgehoben. Spricht ein Produkt für die Marke, wird auf das Markenkonto eingezahlt. Wird die Marke jedoch umgekehrt als Argument für ein Produkt benutzt, wird von diesem Konto abgehoben – die Einzahlung ins Kundenvertrauen bleibt aus.

Mittlerweile stellen nicht nur die Verbraucher, sondern auch die Hersteller zunehmend fest, dass die Einsparpotenziale ausgereizt sind. Erste vorsichtige Trends gehen wieder in Richtung der tatsächlichen Bedürfnisse des Kunden. VW kündigte bereits an, das Augenmerk wieder mehr auf die Produktion von Mittelklasse- beziehungsweise Kleinwagen legen zu wollen, also auf Wagen im Preissegment von 6000 bis 8000 Euro. Der Automobilhersteller Dacia warb sogar mit Slogan »Für alle, die kein Statussymbol brauchen«, um sich von den Konkurrenten, die sich weiterhin auf das Luxussegment konzentrierten, abzusetzen: Das entspricht dem Empfinden, das sich zunehmend bei einer breiten, preisbewusst agierenden Käuferschicht durchsetzt.

In der Altersgruppe der 18- bis 34-Jährigen hat das Auto an Bedeutung verloren.

Diesen Menschen ist es nicht mehr wichtig, die modernste Technik im Auto zu haben. Preis und Qualität sind definiert, eine bestimmte Summe ist man also bereit zu investieren – und möchte dafür eine Leistung, die dieser Definition entspricht. Ein Statussymbol muss es nicht sein. Gerade jüngere Menschen setzen andere Prioritäten. Laut einer Studie, die von der Zeitschrift *auto motor und sport* veröffentlicht wurde, hat für 41 Prozent der Altersgruppe der 18- bis 34-Jährigen das Auto seine Bedeutung als Statussymbol verloren. Der Besitz hochwertiger Technik wie Laptops, Smartphones oder Tablets ist für sie wesentlich wichtiger als der Besitz eines eigenen Autos.[28] Mit diesem Umdenken der Konsumenten kommt vieles – darunter auch Autos, die noch größer, noch schneller und noch »erwachsener« werden – auf den Prüfstand. Wie viel Luxus braucht man tatsächlich um jeden Preis? So wenden sich vermehrt Kunden von angeblichen Luxusgütern ab – und damit sinkt die Gewinnmarge der Unternehmen erneut. Die hemmungslose Gewinnmaximierung der Automobilkonzerne durch immer mehr Einsparungen scheint also in allen Bereichen an ein Ende gekommen zu sein.

Süße Trauben der Selbstständigkeit? – Der Preis der Freiheit

Die Geschichte zahlreicher klein- und mittelständischer Unternehmen, besonders im deutschsprachigen Raum, ist auch eine Geschichte der Selbstständigkeit. In der Zeit vor und nach dem Ersten Weltkrieg gründeten Handwerker, Kaufleute oder Menschen mit einer Geschäftsidee ihre eigene Firma. Einige der Gründer versuchten es allein, andere beschäftigten zwei bis drei Mitarbeiter.

Auch ich komme aus einer Familie, in der Großvater, Vater, Onkel, Geschwister und Cousins selbstständig waren und sind. Mein Vater, der aus einfachen Verhältnissen stammte, gründete einen Lebensmittelladen, baute ihn gemeinsam mit meiner Mutter zu einem Feinkostgeschäft aus und führte das Unternehmen durch einige wirtschaftliche und gesellschaftliche Umbrüche bis zu seinem Ruhestand. Mein Vater zählte damals wie zahlreiche andere Selbstständige zum Mittelstand. Die meisten hatten ein Auto – bevorzugt einen Mercedes oder einen großen Opel – und sie waren in der glücklichen Situation, ihre oft große Familie bescheiden, jedoch problemlos ernähren zu können. Etliche Selbstständige betrieben ihre Geschäfte im eigenen Haus, das bedeutete: Oben wohnte die Familie und darunter befand sich das

Geschäft. Einige von ihnen hatten noch weiteren Immobilienbesitz. Ihre Geschäfte liefen so stabil, dass sie gut für den Ruhestand vorsorgen konnten.

Wäre ich der Tradition gefolgt, so hätte ich als ältester Sohn das Geschäft weitergeführt. Der Betrieb wäre in Familienbesitz geblieben. Vielleicht hat sich mein Vater das auch insgeheim gewünscht. Er ließ dennoch meinen Geschwistern und mir immer freie Hand bei unseren Entscheidungen. Wir sollten unseren eigenen Weg gehen. Zwar konnte ich mich mit dem Gedanken, selbstständiger Unternehmer zu werden, sehr gut identifizieren, doch in die Fußstapfen meines Vaters treten wollte ich nicht. Natürlich war das Angebot, sein Nachfolger zu werden, durchaus attraktiv. Doch ich wollte etwas anderes machen. Ich wollte selbst etwas aufbauen.

Keine festen Bürozeiten, freie Zeiteinteilung und sein eigener Chef sein, das sind die Gründe, sich selbstständig zu machen.

Meine eigene Motivation zur Selbstständigkeit waren nicht monetäre Überlegungen – es ging mir nicht etwa darum, eine Art »Wirtschaftsboss« zu werden, sondern ich wollte meine Vorstellungen und meine Ideen verwirklichen und dabei selbst entscheiden, wie viel Zeit ich in meine Arbeit investiere. Auch heute wollen wieder mehr Menschen selbstständig sein, schließlich gibt es gute Gründe dafür: Man ist nicht an feste Bürozeiten gebunden, kann sich seine Zeit frei einteilen und selbst bestimmen – sprich: Man ist sein eigener Chef und macht sein Ding.

Etliche angehende Unternehmer glauben, mit einer mehr oder weniger originellen Idee erheblich mehr Geld verdienen zu können, wenn sie diese selbst in die Tat umsetzen, statt sie für jemand anderen oder im Namen eines fremdgeführten Unternehmens zur Entwicklung zu bringen. Dahinter steht oft die vorherrschende Meinung, dass man als Selbstständiger für sich und sein eigenes Kapital arbeitet und nicht für die Gewinnmaximierung einer fremden Firma. Laut einer Studie des Deutschen Instituts für Wirtschaftsforschung (DIW), die im Sommer 2015 veröffentlicht wurde, stieg die Zahl der »Solo-Selbstständige« genannten Alleinunternehmer in der Zeit von 2000 bis 2011 um 800000 auf 2,6 Millionen an. Das ist ein Zuwachs von rund 40 Prozent. Im gleichen Zeitraum stieg die Zahl von Selbstständigen mit Beschäftigten von ehemals ebenfalls rund 1,8 Millionen jedoch nur um drei Prozent. Hauptgrund für den deutlichen Anstieg bei den Ein-Personen-Unternehmen sind dem DIW zufolge die Förderungen der Arbeitsagenturen und die Lockerung der Rechtsvorschriften bei den Handwerkern.[29]

Doch obwohl die Zahl der Selbstständigen steigt, findet sich für viele Familienunternehmen kein Nachfolger in der nächsten Generation. Hier kann meine eigene Geschichte als Beispiel dienen: Mein Wunsch war es zwar, selbstständig zu sein, aber in einer anderen Branche als im Lebensmittelhandel. Das war wohl ein entscheidender Grund für meinen Vater, sein Lebensmittelgeschäft zu schließen. Andernfalls hätte er vor der Herausforderung einer Nachfolgeregelung mit Unternehmensübergabe gestanden, mit der sich zurzeit viele kleine und mittelständische Unternehmen in Deutschland konfrontiert sehen. Besonders in den letzten 20 Jahren ist die Nachfolgeregelung für solche Unternehmen zu einer immer größeren Herausforderung geworden. Sicher liegt das oft daran, dass junge Menschen heute eher darauf bestehen, ihren eigenen Weg zu gehen, und sich für ein Leben nach ihren Interessen und Neigungen entscheiden, statt einfach nur das zu werden und zu machen, was der Vater und der Großvater schon waren und gemacht haben. Hinzu kommt, dass Kinder bei den Eltern auch die Schattenseiten des elterlichen Betriebes hautnah mitbekommen und überzeugt sind, es einmal, zumindest an dieser Stelle, »ganz anders« zu machen. Wobei »anders« in diesem Fall eben »besser« heißt.

Bekommen Kinder dann noch mit, dass es immer schwerer wird, sich mit dem bisherigen Geschäftsmodell des Familienbetriebes auf einem zunehmend härter werdenden Markt zu behaupten und kommen Auszahlungs- und Abfindungswünsche von Eltern, Geschwister und dem Finanzamt auf den Tisch, scheint die Übernahme des elterlichen Betriebes vielleicht gar nicht mehr so verlockend.

Dabei blicken viele dieser Unternehmen auf eine Geschichte und Tradition zurück, auf die ihre Inhaber zu Recht stolz sein können. Nach dem Zweiten Weltkrieg, als Deutschland wieder aufgebaut wurde, sprossen mithilfe der Wiederaufbaukredite zahlreiche kleine Firmen aus dem Boden. Nicht zuletzt sorgten gerade diese Kleinbetriebe dafür, dass der Motor der deutschen Wirtschaft ansprang und dass sich die ökonomischen Verhältnisse stabilisierten. Sie bildeten so die Grundlage für das sogenannte Wirtschaftswunder. Mit den Jahren wuchsen diese Betriebe und florierten. Viele dieser Firmen und Unternehmen sind bis heute in Familienbesitz. Dahinter steht eine beachtliche Leistung: Die Inhaber haben sich über die Jahrzehnte hinweg etwas aufgebaut, haben Zeit, Kapital und viel Initiative investiert, um sich selbst und vielen anderen den Lebensunterhalt zu ermöglichen. Oft entwickelten sich diese Unternehmen aus familiären Kleinbetrieben und wurden, wie früher die Bauernhöfe, von Generation zu Generation weitergegeben. Das entspricht der traditionellen Vorstellung von Selbstständigkeit, wie sie heute mehrheitlich in den Köpfen verankert ist und die zudem große Teile der Wirtschaft in unserem Raum geprägt hat.

Grundlage des Wirtschaftswunders waren die Kleinbetriebe.

In der Landwirtschaft ist das Übertragen des Hofes auf die nächste Generation schon bekannt, seit im Mittelalter die »freie Bauernschaft« aufkam. Der Hof wurde vererbt, zunächst vom Altbauern auf alle Kinder, dann jedoch zunehmend nur an einen der Nachkommen, meist den ältesten Sohn, um zu verhindern, dass das Land in immer kleinere Stücke aufgeteilt wird. Eigentlich musste der Erbende seine Geschwister ausbezahlen, was jedoch meist nicht möglich war. Die Folge waren Abwanderung oder das Einheiraten in andere Höfe. Der Altbauer kam mit der Übertragung des Hofes auf sein Altenteil. Das konnte ein Wohnraum oder gar ein »Ausgedinghaus« sein, das separat auf dem Grundbesitz des Hofes stand. Der Begriff »Ausgedinge« geht darauf zurück, dass der Altbauer sich bestimmte Leistungen für seinen Lebensabend »ausbedungen« hat, wie das Wohnrecht und die Versorgung. Zwar halfen die Eltern dem neuen Hofbesitzer, dem Erben, noch so gut es ging, aber ein Mitspracherecht hatten sie nicht mehr. Handwerker und Kaufleute hatten ähnliche Regelungen, die heute in einigen Familienbetrieben immer noch Bestand haben.

Anhand meiner Verwandtschaft lässt sich all das gut veranschaulichen: Mein Großvater war Bauer. Als ältester Sohn wurde ihm von seinem Vater der Hof zugesprochen. Die leibliche Mutter meines Großvaters starb früh. Die zweite Frau von ihm erwirkte, dass der Hof an ihren ältesten Sohn aus erster Ehe ging. Damit war mein Großvater zwar Bauer, jedoch ohne Hof und Land. Mit seinen Pferden und den Fuhrwerken wurde er eine Art Fuhrunternehmer, der Holz rückte, Baustoffe wie Sand, Kies sowie Steine transportierte und Milch von anderen Bauern zur Weiterverarbeitung einsammelte. Aus der Nachfolge entstanden daraus zwei Unternehmen. Der älteste Sohn meines Großvaters väterlicherseits, mein Onkel, übernahm den Bereich des Fuhrbetriebs, der die Baustoffe transportierte. Mit der Zeit entstand daraus eine Baustoffhandlung. Mein Vater konzentrierte sich auf den Transport von Langholz. Gleichzeitig fing er an, mit Milch zu handeln und baute dieses Geschäft mit der Zeit zu einem Handel mit Lebensmitteln aus. Die Nachfolge endete hier. Beide Betriebe gibt es nicht mehr. Die Kinder meines Onkels sind Inhaber sowie Geschäftsführer eines großen Sanitärbetriebes, freier Architekt und Stützpunkthändler für Gartengrille. Ist das Prinzip der Nachfolge etwa ausgereizt?

Nachfolgeregelungen sind heute unklar und oft kompliziert.

Die typischen Familienbetriebe basieren auf einer langen Tradition, in den letzten Jahren geraten sie jedoch zunehmend in Bedrängnis. Oft vertreten sie eine Tradition, die zusehends zerfällt oder vom Zeitgeschehen überholt wird. Schon das macht mittlerweile eine Übergabe innerhalb einer Familie schwierig. Unterschiedliche Auffassungen treffen aufeinander. Und noch etwas lässt Nachfolgeregelungen kompliziert werden: Durch die Initiative, den unternehmerischen Mut und den persönlichen Einsatz der Firmeninhaber wurden derartige Unternehmen das, was sie zum Zeitpunkt einer möglichen Nachfolge sind: rentable Firmen, alteingesessen, mit festem Kundenstamm. Eine »natürliche« Übernahme innerhalb der Familie erscheint da als die naheliegende Lösung, denn der Nachfolger kennt den Betrieb, hat ihn oft »von der Pike auf« begleitet und ist unter Umständen sogar darin aufgewachsen. Er kennt alle Kunden und ist mit den Strukturen bis ins Detail vertraut. Für einen Sohn oder eine Tochter, die den elterlichen Betrieb übernehmen, wäre es zugleich eine Möglichkeit, sich zu profilieren und eigene Vorstellungen umzusetzen.

Es zeigt sich dabei immer wieder, dass die Vorstellungen der Nachfolger oft recht stark abweichen von dem, was ihre Vorgänger aufgebaut haben und was sich in deren Augen bewährt hat. Das hat zur Folge, dass sich einige (Noch-)Firmeninhaber dieser Familienunternehmen nicht einfach aufs Altenteil oder ins »Ausgedinge« zurückziehen, sondern weiterhin sehr daran interessiert sind, die Geschicke der Firma mitzubestimmen. Das ist verständlich, denn ohne eben dieses Engagement, dieses Interesse wäre der Betrieb gar nicht erst zum dem geworden, was er ist. Klar ist aber auch: Es sind permanent Veränderungen notwendig, um Betriebe auf Kurs sowie rentabel und letztendlich auch profitabel zu halten, sodass das Lebenswerk des Inhabers nicht stagniert, sondern floriert. Häufig trifft spätestens jetzt Gewohntes und Bewährtes auf Anderes und Neues. Dieser Interessenkonflikt zwischen Vorgänger und Nachfolger nimmt, wird das Unternehmen innerhalb einer Familie weitergegeben, oft auch sehr persönlichen Charakter an. Der Konflikt betrifft häufig die ganze Familie, spaltet in Parteien unterschiedlicher Meinung und endet noch lange nicht vor der Tür zur Privatwohnung. Schon so mancher Streit um das und wegen des Unternehmens wurde am Geburtstagstisch ausgetragen und von Eheleuten mit ins Bett genommen.

Kommen dann zu den persönlichen Interessen auch noch persönliche Verletzungen hinzu, wird relativ schnell gegeneinander gearbeitet, statt zusammen für ein gemeinsames Ziel. Statt Synergie entsteht Aversion.

Es gibt zudem auch Fälle, da sind die Tradition und die damit unterschwellig verknüpften Verpflichtungen so stark, dass die jüngere Generation sich gezwungen sieht, den elterlichen Betrieb zu übernehmen. Das ist natürlich für eine Firma eine denkbar ungünstige Basis: Ein Chef, der seinen Job nur widerwillig ausübt, kann seine verantwortungsvolle Aufgabe in der Regel nur mit Unlust und unmotiviert angehen. Fehler in der Unternehmensführung sind auf diese Weise vorprogrammiert. Zudem potenzieren sich dadurch die negativen Folgen möglicher sachlicher Differenzen in der Unternehmensführung. Das macht eine erfolgreiche und sachgemäße Verwaltung und Führung des Betriebs beinahe unmöglich.

Chef wider Willen – das kann nicht gut gehen.

Aus diesen Überlegungen heraus wird klar: So sinnvoll die traditionelle Form der Übergabe kleiner und mittelständischer Betriebe von Generation zu Generation auf den ersten Blick auch aussehen mag, sie birgt heutzutage große Tücken. Besteht der Wunsch, den Familienbetrieb zu erhalten, erfordern es veränderte Marktsituationen und sich wandelnde gesellschaftliche Gepflogenheiten, die traditionelle Verfahrensweise zu überdenken. Wichtig sollte die Frage sein, ob der gewählte oder designierte Nachfolger tatsächlich der beste Kandidat für den Posten ist. Die erste Wahl – im Falle eines Familienbetriebs also die nächste Generation – ist nicht immer automatisch die beste Lösung.

Eine Nachfolge belastet den Betrieb, es gilt, den Übergang im Großen und Ganzen so glatt wie möglich zu gestalten. Ein Stolperstein beim Übergang ist die Einstufung der Wertigkeit des zu übergebenden Betriebs: Plant der Inhaber eines Unternehmens, sich auf sein Altenteil zurückziehen, dann muss Bilanz gezogen werden. Oft wird der Wert des Betriebs vom Besitzer viel zu hoch eingeschätzt. Hinter dieser »Bilanzierung« steht eine Rechnung, die miteinbezieht, was der Alteigentümer investiert hat und was er nun für seinen Ruhestand zurückbehalten oder als »Rente« von seinem Nachfolger ausbezahlt bekommen möchte. Wie ist es mit Abfindungen anderer Kinder oder weiterer Familienangehöriger?

Gern wird dabei übersehen, dass sich das Unternehmen sowie die Rahmenbedingungen seit der Gründung stark verändert haben: Alte Stammkunden, die mit dem Vorbesitzer vertraut waren, brechen weg, mit neuen Ideen und neuen Produkten muss unter Umständen der Maschinenpark erneuert werden, neue Mitarbeiter kommen hinzu, andere gehen in den Ruhestand. Ein weiterer wichtiger Punkt, der auch bei einer Weitergabe von Familien- oder Betriebsvermögen innerhalb der Familie miteinbezogen werden muss: die Steuer. Dabei geht es zum einen um das bei Erbschaft oder Schenkung immer wieder stark und je nach Interessenlage kontrovers diskutierte Erbschaftssteuer- und Schenkungssteuerrecht, zum anderen um die beim Verkauf des Unternehmens oder von Teilen davon (sowohl außerhalb als auch innerhalb der Familie) anfallende Versteuerung des Veräußerungsgewinns.

Egal welche Form der Übertragung gewählt wird, die Steuerzahlungen sind auf jeden Fall zu berücksichtigen. Sie drücken auf den Wert des Unternehmens oder der zu übertragenden Anteile und am Ende bleibt oft deutlich weniger übrig, als sich der »Altchef« errechnet oder zumindest erhofft hat.

Die süßen Trauben der Selbstständigkeit werden sauer.

Es stellt sich eine Frage, die manche bestimmt als provokant empfinden werden: Muss bei Übernahmen eventuell (zu) viel »altes Zeug« mit übernommen werden? Stellt sich der Nachfolger damit wirtschaftlich schlechter als jemand, der eine Firma von Grund auf neu gründen kann? Versperrt sich ein Nachfolger mit der Übernahme die Zukunft? Diese Fragen sind nicht pauschal zu beantworten. Hier muss wirklich der Einzelfall betrachtet werden. Jedenfalls kann man davon ausgehen, dass Nachfolger, die kaufmännisch oder wirtschaftlich gut ausgebildet sind, genau rechnen werden und sich steuerlich und rechtlich beraten lassen. Dennoch kann all dies zu Komplikationen bei der Übergabe führen, die die süßen Trauben der Selbstständigkeit nicht mehr ganz so süß erscheinen lassen.

Diese Probleme sind seit Längerem bekannt. Mittlerweile bieten Handelskammern, Verbände, spezialisierte Rechtsanwälte und Steuerberater, Coaches, freie Berater und natürlich Banken Hilfestellungen bei der Nachfolgeregelung. Man veranstaltet Symposien und Vermittlungsbörsen, bei denen kleine und mittelständische Unternehmen, die einen Nachfolger suchen, sich austauschen und neue Führungskräfte rekrutieren können. Auch bei der Übergangsfinanzierung wird Hilfe angeboten. Ferner werden Firmeninhabern, die sich von ihren Aufgaben als Chef altersbedingt zurückziehen möchten, externe Nachfolger für die Geschäftsführung empfohlen. Sie sollen meist nicht die Firma selbst, sondern lediglich die Firmenleitung übernehmen. Das erhält den Betrieb selbst, trennt Geschäftsführung von Eigentümer, lässt die Firma selbst oder Anteile daran in der Familie, gibt dem Inhaber die Möglichkeit zu sehen, dass sein Lebenswerk nicht vergebens war, und erhält außerdem sowohl Wirtschaftskraft als auch Arbeitsplätze.

Gleichwohl ist die Besetzung des Chefpostens durch sogenannte »Externe« ohne Firmenbeteiligung teilweise mit Hindernissen behaftet: Jemand, der nicht im beziehungsweise mit dem Unternehmen aufgewachsen ist, es daher nicht kennt, hat bei Weitem nicht die gleiche innere Bindung zum Betrieb wie jemand, der im wahrsten Sinne des Wortes damit groß geworden ist – oder es gar gegründet und überhaupt erst groß gemacht hat. Der Faktor »Bindung zum Unternehmen« und seine Folgen werden oft unterschätzt. Besonders externe Nachfolger ohne Firmenanteile arbeiten in ihrer neuen Verantwortung nicht »für sich«. Ein ganz wichtiger und entscheidender Punkt für viele, sich überhaupt für die Selbstständigkeit zu entscheiden, ist der, dadurch gewissermaßen der eigene Chef zu werden. Externe Nachfolger in Familienunternehmen stehen jedoch von Anfang an unter hohem Druck von allen Seiten: Sie sollen den Betrieb traditionell weiterführen und werden dennoch an branchenüblichen

Umsatzzahlen sowie deren Erträgen gemessen – sollen sie doch dem Vorgänger und eigentlichen Firmeninhaber zeigen, was »die Firma taugt« und damit wert ist.

Ein Klient von mir, Christian, machte diese Erfahrung. Seine Geschichte ist beispielhaft. Er bekam Mitte der Neunziger im Rahmen einer Nachfolgeregelung folgendes Angebot: Geschäftsführung eines Unternehmens, dessen Besitzer sich »ins Ausgedinge« begeben wollte. Der »Alte«, wie er auch von seinen Mitarbeitern genannt wurde, war 68 Jahre alt, hatte das Unternehmen Ende der Sechzigerjahre des letzten Jahrhunderts gegründet und rund 30 Jahre lang erfolgreich geführt. Zum Zeitpunkt der gewünschten Übergabe hatte der Betrieb 60 Mitarbeiter und einen jahrzehntealten, gewachsenen, langjährigen Kundenstamm. Den Chefsessel zu übernehmen klang für Christian im ersten Augenblick sehr interessant und lukrativ. Er bekam die führende Position in einem etablierten und erfolgreichen Unternehmen, eine berufliche Verpflichtung auf unbegrenzte Zeit, einen ansprechenden Dienstwagen und ein durchaus angemessenes Gehalt. Christian hätte sozusagen »ausgesorgt«, er hätte endlich seiner Familie eine solide Basis geben können und sich, wenn alles nach Plan gelaufen wäre, mit dem Eintritt in den Kreis der Gesellschafter zeit seines Lebens keine Sorgen mehr um einen Job machen müssen. Für viele sind das heutzutage Punkte, die einen »Traumjob« ausmachen.

Eine Firmennachfolge birgt Fragen und Risiken.

Doch Christian war vorsichtig. Er hatte sich durch Gespräche und das Internet informiert und von den Erfahrungen anderer gehört und gelesen. Er trat die Stelle also unter der Bedingung an, sie erst einmal nur für sechs Monate auszuüben. Eine Probezeit, wie sie bei vielen Angestelltenverhältnissen ebenfalls üblich ist.

Christian fing sozusagen als Interimsmanager an, damit er nach einem halben Jahr entscheiden konnte, ob er den Posten endgültig übernehmen würde. Würde alles gut verlaufen, so wollte er weitermachen, doch würde ihm etwas massiv widerstreben, dann könnte er jederzeit aufhören, ohne lange Kündigungsfristen oder gar finanzielle Einbußen hinnehmen zu müssen.

Es stellte sich heraus, dass diese Vorsicht angebracht war. Christian übernahm den Posten als Geschäftsführer letztendlich nicht. Das hatte mehrere Gründe, die bei Antritt der Stelle nicht abzusehen waren und die zugleich die Probleme, die bei einer solchen »traditionellen« Firmennachfolge auftreten können, gut illustrieren.

Einer der Gründe, warum Christian nach fünf Monaten die Stelle schließlich ablehnte, war die Tatsache, dass der »Alte« sich nicht vollständig zurückzog. Nahezu täglich mischte er sich in die Entscheidungen von Christian ein oder griff diesen gar vor. Auf diese Art stellte er meinen Klienten des Öfteren vor vollendete Tatsachen. Dass er ein wachsames Auge darauf hielt, was Christian wie und aus welchem Grund für den Betrieb entschied, ist durchaus nachvollziehbar, schließlich hatte er das Unternehmen und den damit verbundenen guten Ruf aufgebaut. Darüber hinaus hatte er aber auch ein besonders großes Interesse daran, dass sich das Kapital der Firma weiter mehrte, auch ohne dass er selbst an der Spitze stand: Nicht nur, dass er selbst auf seinem Altenteil materiell versorgt wurde, was vertraglich geregelt war, und somit den Gewinn des Betriebs automatisch schmälerte, auch sein Sohn bekam einen stattlichen Unterhalt. Neben einem fiktiven Einkommen kam der Abtrag für das Haus des Sohnes dazu, ein »Dienstfahrzeug« und weitere Vergünstigungen wie das Tanken auf Firmenkarte.

All das musste das Unternehmen erwirtschaften. Der Sohn hatte seinerzeit entschieden, die Firma des Vaters nicht zu übernehmen. Zum einen interessierte ihn die Branche gar nicht und das Arbeiten in einem engen Zeit- und Weisungskorsett war überhaupt nicht seine Sache. Er wollte lieber seine Karriere als DJ vorantreiben. Zum anderen, und das war der Hauptgrund, hatten Vater und Sohn absolut gegensätzliche Ansichten, was sowohl wirtschaftliche Aspekte als auch Fragen der Lebensgestaltung betraf.

Die Folge war, dass Christian zwar ein gutes Gehalt bekam, dass er von den Gewinnen, die er erwirtschaftete, jedoch in keiner Form profitierte. Selbst wenn der Altinhaber verstorben wäre, wäre die Firma nicht einmal teilweise an Christian gegangen, sondern sie wäre zunächst vollständig an die Witwe und den Sohn des Inhabers übergegangen – und das, obwohl der Sohn gar nichts mit dem Tagesgeschäft des Unternehmens zu tun haben wollte.

Auch das Verhältnis zur Belegschaft barg Konfliktpotenzial. Diese wollte Christian nicht als Chef anerkennen und weigerte sich manchmal, seine Anordnungen auszuführen. Stattdessen fanden fast alle Mitarbeiter beim »Alten«, den viele duzten, ein offenes Ohr – und bekamen dann prompt Sonderregelungen. Das war für Christian besonders ärgerlich, da viele Mitarbeiter so an den überholten und wirtschaftlich nicht rentablen Verfahrensweisen festhalten konnten, die der vormalige Inhaber vorgegeben hatte.

Hinzu kam noch, dass der Kundenstamm, auf dem das Unternehmen basierte, langsam, aber sicher wegbrach. Auf die Loyalität der Stammkunden war schon seit einiger Zeit kein Verlass mehr, denn sie befanden sich ebenfalls im Umbruch, und das Unternehmen, das Christian übernehmen sollte, stand bei einigen Kunden gerade auf dem Prüfstand. Welchen Einfluss dabei die gegen Christian eingestellten Mitarbeiter hatten, muss offenbleiben. Der Altinhaber hatte dieses Problem schlichtweg ignoriert. Der gesamte Markt befand sich in einer Phase des Umbruchs, und auch den Banken fehlte das Vertrauen, dass Christian es schaffen könnte, die Firma sicher durch diese stürmischen Zeiten zu führen. Es ist offensichtlich, dass eine solche Konstellation in keinem Unternehmen zu einer stabilen wirtschaftlichen Lage führen kann. Mit jeder Woche wurde Christian klarer, dass das gute Gehalt, das er bekam, zu einer Art Schmerzensgeld wurde, während er unter schwierigen Bedingungen weiterhin Kapital für andere erwirtschaftete. Das Thema »Selbstständigkeit in einem bereits bestehenden Betrieb« war für ihn wie auch für etliche andere, die ähnliche Erfahrungen gemacht haben, nach dieser Episode »ausgereizt«.

Ein Nachfolger muss sich mit der Firma identifizieren und Leidenschaft einbringen.

Da die Probleme, mit denen Christian zu kämpfen hatte, oft unlösbar erscheinen, gibt es seit einiger Zeit Unternehmensberater, die Familienbetriebe dahingehend beraten, zur Tradition der Übergabe innerhalb der Familie zurückzukehren. Nachfolger aus der Familie sind in mancher Hinsicht in einer günstigeren Ausgangslage: Sie kennen den Betrieb und die Mitarbeiter und wissen, was auf sie zukommt. Wer nach der Übergabe des Unternehmens für was zuständig ist – beispielsweise könnte der »alte Chef« noch eine Zeitlang die Pflege der Stammkunden, der »junge Chef« Investitionen oder Neuentwicklungen übernehmen –, das kann vertraglich geregelt werden. Im Idealfall finden sich Lösungen, die zur Zufriedenheit aller sind. Die Voraussetzung ist jedoch, dass der Nachfolger sich mit der Firma identifiziert, sich mit Leidenschaft für das Unternehmen engagiert und nicht gezwungen ist, wegen der Firma seine wahren Interessen zurückzustellen. Häufig steht heutzutage ein solcher Nachfolger aus der Familie eben nicht zur Verfügung. Dann wird es schwierig, denn alle anderen Lösungen sind mit vielen Risiken und Hürden verbunden.

Viele kleine und mittelständische Familienunternehmen haben ihre Möglichkeiten ausgereizt und kommen an ihre Grenzen. Diese Grenzen zu überschreiten ist schwierig, weil ungewiss ist, was dahinter liegt.

Neue Wege müssen gefunden werden. Wege, die es den Unternehmen auch zukünftig ermöglichen, ihre Wirtschaftlichkeit zu erhalten und weiter auszubauen, auch und gerade bei sich laufend verändernden Kundengruppen und deren Wünschen und Ansprüchen.

Die Fixierung auf gewachsene Kundengruppen und Traditionen, der Blick zurück, ein »So haben wir es immer gemacht!« wird riskant. Es liegt auf der Hand, dass mit den erwirtschafteten Gewinnen mehr erreicht werden muss als die pure Vermehrung des Besitzstands – sprich des Kapitals. Plateauing lautet hier das Schlagwort. Dieser relativ neue Ausdruck weist darauf hin, dass eine Karriere oder auch eine Firmenentwicklung nicht immer kontinuierlich nach oben verlaufen muss. Sinnvoller kann es sein, nach einem Schritt erst einmal abzuwarten, also auf dem erreichten Niveau zu bleiben, um zu sehen, wie sich das Neue, die Veränderung, die man vornahm, auswirkt und wie sie sich einpendelt.

Vielfach stehen bei Überlegungen rund um eine Firmengründung oder -übernahme die Finanzen im Mittelpunkt. Das operative Geschäft, die Produkte, Kunden und der Unternehmenszweck treten dabei in den Hintergrund. Nach meiner Beobachtung ist es inzwischen so, dass Finanzierungen und Beteiligungen vor allen anderen Themen stehen. Das bringt die Geschäftsführer und ihre Partner dazu, sich ständig auf die Suche nach weiteren Investoren zu machen (seit ein paar Jahren spielt hier auch Crowdfunding eine Rolle), statt sich auf das Geschäft und die Kunden zu konzentrieren. Das betrifft nicht nur Familienunternehmen mit langer Tradition, sondern vermehrt neu gegründete Unternehmen und geht sogar so weit, dass der Eindruck entstehen könnte,

Unternehmen werden allein schon deshalb gegründet und mit einer neuartigen Idee und einer großartigen Story ausgestattet, um anschließend Fördergelder, Beteiligungen und Investoren zu bekommen.

So erfuhr ich von einem Teilnehmer meiner Seminare, dass sein Unternehmen seit seiner Gründung vor zwei Jahren sehr erfolgreich fast eine Million Euro an Mitteln – Zuschüsse von Land, Bund und EU sowie Darlehen oder Stiftungen – eingeworben hat. Auf meine Frage, wie hoch der Umsatz in den zwei Jahren gewesen sei, war seine Antwort: »Operativ? Lediglich etwa 100 000 Euro.« Sind das Anzeichen eines neuen Trends?

Rein finanzgetriebenes Denken ersetzt die Suche nach neuen Wegen.

Unternehmen – und damit auch die eigene Selbstständigkeit – werden zunehmend allein unter finanziellen Gesichtspunkten betrachtet und geführt. Damit fehlt der Bezug zu den Wünschen und Bedürfnissen der Kunden. Marketing und Vertrieb werden zum Einwerben von immer neuen Geldern auf Stiftungen, Förderstellen und Investoren ausgerichtet und dienen nicht mehr dazu, Produkte oder Dienstleistungen am Markt zu platzieren.

Doch gleichzeitig gibt es auch eine Gegenbewegung: Einige Unternehmen – oder besser Unternehmer – beschreiten ganz andere, neue Wege. So veröffentlichte das Wirtschaftsmagazin *WirtschaftsWoche* erst kürzlich eine große Reportage über Unternehmen, die sich nach anderen Maßstäben als dem unbegrenzten Wachstum ausrichten.[30] Die Inhaber dieser Unternehmen haben andere Visionen im Kopf, als durch Expansion maximale Gewinne zu erwirtschaften. Sie setzen auf Nachhaltigkeit, den – fairen – Handel mit der Dritten Welt und Kundengruppen, die bewusst von Produkten absehen, die einfach nur billig sind, und sich ebenfalls für Werte wie Nachhaltigkeit, soziale Verantwortung oder Umweltbewusstsein einsetzen. Die Chefs dieser Unternehmen sind nicht in erster Linie auf Geld oder Profit aus, sondern vertreten diese »neuen« Werte.

Dass sich damit ganz nebenbei sogar doch noch Geld verdienen lässt, zeigt Michael D'heur in seinem Bericht »Gewinne steigern durch mehr Nachhaltigkeit: 6 Unternehmen zeigen, wie es gehen kann«. Darin wird beschrieben, wie auch durchaus große und bekannte Unternehmen durch mehr Nachhaltigkeit ihre eigenen Gewinne steigern: So nimmt der Süßwarenhersteller Mars in seinen eigenen Lkws Waren seiner Konkurrenten mit zum Kunden und spart dadurch 25 Prozent der Logistikkosten.

Die bei der Trinkwasserproduktion anfallenden Granulate sind Abfall und müssen von den Wasserversorgungsunternehmen entsorgt werden. Der Teppichhersteller Desso verwendet diese Granulate in seiner Teppichproduktion und minimiert dadurch seine Bezugskosten. Gleichzeitig werden bei den Wasserversorgern mehr als 99 Prozent der Abfälle vermieden.

Und statt sie wie bisher am Ende ihrer Nutzungsdauer einfach zu verschrotten, zerlegt der Baumaschinenhersteller Caterpillar die Maschinen und verwendet intakte Bauteile in anderen Maschinen weiter – und hat so 2012 Erlöse von mehr als 100 Millionen Euro erzielt.[31]

Diese Beispiele zeigen, dass sich ein Eintreten für die »neuen« Werte Nachhaltigkeit, Fair Trade, soziale Verantwortung und Umweltbewusstsein durchaus lohnen kann. Neben diesen neuen Werten taucht heute auch immer öfter der Wunsch nach Mitarbeitern auf, die engagierter und motivierter arbeiten, und zwar gerade in Unternehmen, die nachhaltiger produzieren wollen. Diese Unternehmen gehen nicht nur in der Produktion und im Vertrieb der Waren neue Wege, sondern sie wollen auch für ihre Mitarbeiter mehr sein als reine »Geldgeber«. Viele dieser in den letzten Jahren entstandenen Unternehmen möchten ihren

Mitarbeitern eine Art »Heimat« sein, und damit oft dem Wunsch der umworbenen Fachkräfte folgen. Folgerichtig werben sie mit besonders angenehmer Arbeitsatmosphäre, extrem flexiblen Arbeitszeiten oder besonders vielen Freizeitmöglichkeiten am Arbeitsort.

Dieser Trend kommt nicht von ungefähr. Der Zeitgeist wandelt sich, und auch die Arbeitswelt kommt dabei auf den Prüfstand. Besonders die junge Generation hinterfragt das, was die Generation ihrer Eltern tut und was diese vertritt. Im Prinzip ist das nichts Neues. Schon immer hat die nachrückende Generation das Etablierte kritisch betrachtet, und in manchen Fällen wurde es gar abgelehnt und bekämpft – man denke nur an die 68er. Jetzt tritt wieder eine neue Generation an, die den gemeinschaftlichen Umgang und Werte im Allgemeinen anders definiert. Es sind die Jahrgänge 1981 bis 1995, die sogenannte Generation Y, über die in den Medien immer wieder berichtet wird. Der Buchstabe Y steht zunächst schlicht dafür, dass diese Generation auf die Generation X folgt, doch verweist er, englisch ausgesprochen, auch auf das englische Wort »why« – also auf die Frage: »Warum oder warum nicht?« Für die Arbeitswelt bedeutet das, dass die Generation Y Sinnstiftung und Abwechslung im Beruf sowie eine flexible Balance zwischen Arbeit und Freizeit erwartet. Weitere Wünsche betreffen Authentizität, Transparenz, Kollegialität sowie Selbstbestimmung, Entwicklung und Spaß bei der Leistung im Team.[32]

Die alten Rezepte vieler Unternehmen sind mit dem Arbeitsverständnis der Generation Y kaum kompatibel und damit zunehmend veraltet, je mehr der Zeitgeist sich wandelt. Schon heute tun sich Arbeitgeber in Vorstellungsgesprächen mit Bewerbern der Generation Y schwer damit, auf die Frage, warum der Kandidat ausgerechnet zu dieser Großbank kommen soll, eine sinnvolle Antwort zu geben – von scheinbarer Sicherheit und hohem Gehalt mal abgesehen.

Sind die traditionellen Ansichten zum Thema Arbeit und zum Angestelltenverhältnis ausgereizt? Möglicherweise ist gerade die Selbstständigkeit eine Antwort auf diese Veränderungen.

Die Generation Y möchte der Arbeit mit Leidenschaft und Überzeugung nachgehen.

Eine nachhaltige und damit sinnvolle Selbstständigkeit bleibt jedoch für viele nur ein Traum. Wer sich selbstständig machen will, hat das bis vor einigen Jahren hauptsächlich aus dem Wunsch heraus getan, selbst etwas zu bewegen. Die Motive lauteten: für sich selbst arbeiten, für sich etwas erreichen – seien dies Werte, Geld oder ein lebenswerteres Leben. Oft war generelle Unzufriedenheit der Grund, nur selten aber zwang eine Notlage die Menschen dazu, sich selbstständig zu machen.

Das hat sich geändert. Mittlerweile kommt es immer häufiger zu »Notgründungen«. Infolge der Sparmaßnahmen großer Firmen, die unter dem Druck stehen, immer höhere Gewinne erwirtschaften zu müssen, ist deren Personalbedarf gesunken. Das führt zu einer Verknappung von Arbeitsplätzen. Immer mehr Menschen machen sich deshalb selbstständig, und das wird sogar, wie bereits erwähnt, von der Regierung gefördert. Sich selbstständig zu machen ist scheinbar attraktiv. Rein oberflächlich betrachtet ist das eine durchaus positive Entwicklung: So könnten sich mehr Menschen selbst verwirklichen, selbst etwas erwirtschaften, kreativer und erfolgreicher sein. Die Betonung liegt hier jedoch auf »könnten«. Denn oft wird bei der Gründung eines kleinen Unternehmens oder beim Start in die Freiberuflichkeit eines vergessen: Es muss sich tragen. Selbstständige müssen oft zusätzliche Steuern entrichten, Kranken- sowie Sozialversicherung müssen selbst getragen werden, dazu kommen Geschäftskosten wie Miete, Auto, Einrichtung oder Geschäftsbedarf. Das sind alles Posten, die schon vor dem Eigenbedarf von den Einnahmen abgehen.

Das Einkommen reicht oft nur gerade so, um die Kosten zu decken.

Dadurch, dass immer mehr Selbstständige auf den Markt drängen, werden die Aufträge, die Selbstständige übernehmen, immer geringer bezahlt. Der starke Anstieg der Zahl der Selbstständigen, besonders der Solo-Selbstständigen, ist zum einen der Neigung vieler Unternehmen geschuldet, immer mehr Arbeiten »outzusourcen«, zum anderen steht dahinter das vermehrte Freisetzen von Arbeitskapazitäten beispielsweise durch betriebliche Umstrukturierungsmaßnahmen. Die zusammenlaufenden ungünstigen Umstände haben bereits in etlichen Fällen dazu geführt, dass das Einkommen der Selbstständigen gerade mal die Kosten deckt. Wächst der so entstehende wirtschaftliche Druck weiter an, läuft ein Selbstständiger Gefahr, die Kosten nicht mehr tragen zu können. Tatsächlich lag das Einkommen der meisten Selbstständigen im Jahr 2009 monatlich zwischen 500 Euro und 2000 Euro netto. Die nachfolgende Grafik auf der nächsten Seite vermittelt einen Eindruck von der Einkommensverteilung bei Selbstständigen im Vergleich zum Einkommen abhängig Beschäftigter.[33]

Verdienen Selbstständige tatsächlich weniger als Angestellte? Mit dieser Fragestellung beschäftigte sich das Deutsche Institut für Wirtschaftsforschung (DIW) und führte 2015 eine Untersuchung durch. Es kam zu dem Schluss: Der Schritt in die Selbstständigkeit kann sich finanziell durchaus lohnen. Solo-Selbstständige verdienen nicht generell weniger als vergleichbare Angestellte. Allerdings sind die Einkommen von Selbstständigen relativ stark gestreut. Das weist darauf hin, dass unternehmerische Selbstständigkeit mit hohen Einkommenschancen, aber auch mit ho-

Verteilung des monatlichen Nettoeinkommens nach dem Erwerbsstatus

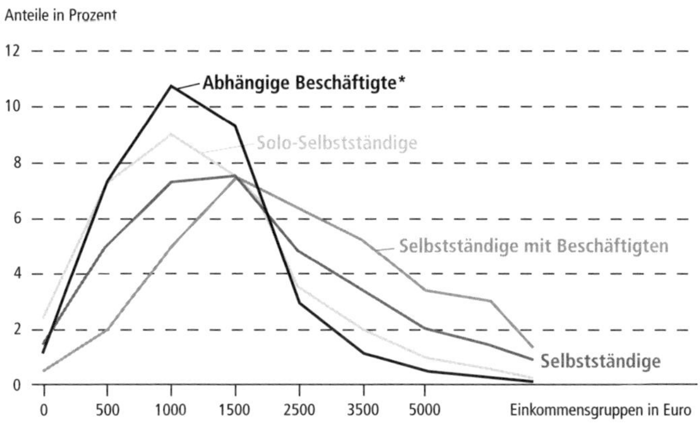

* Ohne Personen in betrieblicher oder schulischer Ausbildung

Quelle: Eigene Berechnungen auf der Basis des Mikrozensus 2009

hen Einkommensrisiken behaftet ist. Zusammengefasst ergeben die Studienergebnisse folgendes Bild: Für Selbstständige mit eigenen Mitarbeitern ist die Wahrscheinlichkeit, mehr als abhängig Beschäftigte zu verdienen, sehr hoch, für Solo-Selbstständige ist sie dagegen im Schnitt etwas geringer.[34]

Der Verband der Gründer und Selbstständigen Deutschland e.V. (VGSD) beurteilte die Aussage der Studie kritisch und sah darin besonders die Situation der Solo-Selbstständigen zu einseitig dargestellt. Anhand von Zahlenvergleichen interpretierte der VGSD die Studie so: Das durchschnittliche Nettoeinkommen pro Arbeitsstunde beträgt bei abhängig Beschäftigten 11,51 Euro, bei Solo-Selbstständigen 14,28 Euro und bei Selbstständigen mit Beschäftigten 17,25 Euro. Jedoch muss man diese Zahlen unter dem Aspekt des Medians relativieren. Sowohl bei Angestellten als auch bei Selbstständigen sind die Einkommen nicht gleichmäßig um den Mittelwert verteilt. Es gibt bei Solo-Selbstständigen und insbesondere bei Selbstständigen mit Mitarbeitern viele mit sehr hohem Einkommen, die den Einkommensdurchschnitt nach oben verzerren. Deshalb betrachten Wissenschaftler typische Einkommen mithilfe des Median, der eine Liste von Werten in zwei Hälften teilt: Wenn man also die Einkommen von 101 Einkommensbeziehern aufsteigend der Größe nach sortiert, markiert der mittlere (zentrale) Wert den Medianwert. In unserem Fall wäre dies das Einkommen des Einundfünfzigsten, denn dieser Wert teilt die Liste in zwei gleich große Hälften. Eine Hälfte, also 50 Personen verdienen weniger als den Median, die andere Hälfte, ebenfalls 50 Personen, verdienen mehr.

Betrachtet man in dieser Aufstellung den mittleren (zentralen) Wert, ergibt sich ein Median-Nettoeinkommen pro Arbeitsstunde bei einem abhängig Beschäftigten von 10,00 Euro, bei einem Solo-Selbstständigen von 9,38 Euro und bei einem Selbstständigen mit Mitarbeitern von 12,25 Euro.[35] Nicht zuletzt deshalb stellt der VGSD an die Politik die Forderung, besonders bei Solo-Selbstständigen, die im unteren Einkommensbereich auf einen vergleichsweise niedrigen Stundensatz kommen, die momentan sehr hohen Mindestbeiträge zur Kranken- und Pflegeversicherung für Selbstständige anzupassen, denn diese seien für die niedrigen Stundensätze verantwortlich.

Die hohen Mindestbeiträge für die Kranken- und Pflegeversicherung belasten Selbstständige mit niedrigem Einkommen zusätzlich.

In der Tat sind durch die hohen Kosten im Vergleich zum Verdienst etliche Selbstständige auf Dauer gezwungen, einen Neben- oder Zweitjob anzunehmen, sei es eine geringfügige Beschäftigung oder ein Teilzeitjob im Angestelltenverhältnis. In den USA ist das bereits häufig der Fall, dort kommt es manchmal sogar vor, dass zwei zusätzliche Jobs nötig sind. In den letzten Jahren sind dort zahlreiche neue Start-ups entstanden, wie beispielsweise der taxiähnliche Fahrdienst »Uber«. Diese Firmen sind auf ein wahres Heer von Minijobbern angewiesen. Im Brennpunkt dieser Entwicklung liegt San Francisco, wo viele dieser Start-ups ansässig sind. Dort sind die Lebenshaltungskosten sehr hoch. Die Miete für ein Zwei-Zimmer-Apartment beträgt im Schnitt 3500 Dollar pro Monat. Das zwingt mehr und mehr Selbstständige, die eben diese Minijobs ausführen, auf Abruf nicht nur einen, sondern gleich mehrere Kurzzeitaufträge hintereinander zu übernehmen.[36] Wozu es führt, wenn man von einem Job zum nächsten hetzt und mehrere Aufträge gleichzeitig ausführt, das liegt auf der Hand: Der Selbstständige verzettelt sich. Wer nachts als Nachtwächter arbeitet, kann sich tagsüber nur schlecht darauf konzentrieren, kreative und originelle Webseiten zu erstellen.

Besonders stark ist diese Entwicklung in der Medienbranche zu erkennen. In den Neunzigerjahren machte sich das in Hamburg bemerkbar. Viele große, deutschlandweit bekannte Printmagazine und Verlage sind dort beheimatet, etwa der Springer-Verlag, der *Spiegel*, der Verlag Gruner + Jahr und viele andere. Doch im Zuge der Digitalisierung und im Rahmen des allgemeinen, auch im Verlagswesen um sich greifenden »Spiels«, durch das Senken der Kosten die Gewinne zu maximieren, kam es zu Beginn des neuen Jahrtausends gehäuft zur Entlassung von Mitarbeitern. Viele Verlage unterhielten zwei komplette Redaktionen: eine für die Print-Ausgaben und eine andere für den Onlineauftritt. Das war auf lange Sicht zu teuer. Viele Medienmitarbeiter wurden daraufhin freigesetzt. Hauptsächlich handelte es sich um Lektoren, Übersetzer und Journalisten – Menschen also, die mit Textarbeit zu tun hatten. Zahlreiche dieser Textarbeiter machten sich selbstständig, da neue Jobs im Angestelltenverhältnis besonders in der

Hansestadt selten geworden waren. Es gab ein Überangebot. Viele verstanden zwar ihren Job und waren fachlich kompetent, mussten sich aber dennoch dem harten Konkurrenzkampf um die Aufträge der Redaktionen stellen. Für die Verlage wiederum war es günstiger, Aufträge an freie Mitarbeiter zu vergeben und die Leistungen einfach einzukaufen. Mittlerweile ist nicht nur in Hamburg das Preisniveau für Textaufträge so niedrig, dass viele aus dieser Konkurrenz und damit aus dem Geschäftsmodel wieder aussteigen, da es sich für sie nicht lohnt. Das Thema Selbstständigkeit ist für sie ausgereizt.

Wenn Arbeit sich nicht mehr rechnet, geben viele die Selbstständigkeit auf.

Doch die Medienbranche ist nur ein Beispiel. Selbstständige gibt es in allen Branchen, und überall gilt, dass sie nicht immer gut verdienen. In den letzten Jahren hat die Zahl der Selbstständigen, die ihr geringes Einkommen mit Hartz IV aufstocken müssen, zugenommen. Zeitgleich machen sich immer mehr Menschen selbstständig. Experten führen den rasanten Anstieg zwar auch darauf zurück, dass viele »Selbstständige« mit einem Monatseinkommen von 100 Euro im Monat dazugekommen sind – hier handelt es sich eigentlich um Hartz-IV-Empfänger, die etwas Geld hinzuverdienen[37] –, dennoch lässt sich nicht leugnen, dass sich die Lage der Selbstständigen generell verschlechtert hat, auch wenn das Gesamtbild, das etwa die Studie des DIW zeichnet, zunächst solide wirkt. Es kommt eben auf die Perspektive der Bewertung an und auf den Blickwinkel verschiedener Branchen. Allein 17 Prozent der Selbstständigen sind im Gaststättengewerbe tätig oder besitzen einen kleinen Laden – viele davon in Berlin, einer Stadt, in der das Leben generell günstiger ist als in Städten wie beispielsweise Köln, Hamburg oder München. Doch bei steigenden Kosten wie den viel diskutierten Mieten ist es nur eine Frage der Zeit, wann sich Verhältnisse wie in San Francisco auch bei uns abzeichnen werden.

Zwischen zwei und drei Jobs zu pendeln, ist in den USA längst Alltag.

Der Staat tut wenig, um die Selbstständigen wirklich zu unterstützen, im Gegenteil: Wer sein Einkommen aus selbstständiger Arbeit von den Jobcentern aufstocken lässt, wird meist noch misstrauisch beäugt – ein Widerspruch, da der Staat andererseits ein Programm bewirbt, das Arbeitslose durch geförderte Selbstständigkeit wieder ins Berufsleben bringen soll. Doch in Wahrheit ist der erste, der die Hand aufhält, sobald sich jemand in die wirtschaftliche Unabhängigkeit begibt, das Finanzamt. Ohne eine Steuernummer gibt es kein Gewerbe, und der Weg in die Selbstständigkeit ist damit für manche von Beginn an voller Tücken.

Andere Länder machen bereits vor, wie es besser geht: So gelten für selbstständige Tätigkeiten beispielsweise in Österreich in den ersten und damit den schwierigen Jahren, in denen ein Unternehmen erst aufgebaut wird, Sonderregelungen bei Sozialabgaben und Steuern. Erst ab dem dritten Jahr wird das gegründete Unternehmen wie alle anderen Unternehmen eingestuft. Allerdings wird dann die Entwicklung in der Vergangenheit als Bemessungsgrundlage herangezogen. Das muss man vor dem Schritt in die Selbstständigkeit bedenken und bei positivem Geschäftsverlauf die zu erwartenden Zahlungen kalkulieren und die Beträge bereithalten. Die Abgaben sind also keineswegs erlassen, sondern nur für einige Zeit gestundet.

Ähnliche Modelle wären auch in Deutschland denkbar: So könnte man mehr Menschen zum Schritt in die Selbstständigkeit motivieren und dazu, ein Unternehmen zu gründen, um eine kreative Geschäftsidee umzusetzen. Neue Arbeitsplätze können entstehen, auch die allgemeine Wirtschaftskraft könnte davon profitieren. Auch Selbstständige können eine stärkere Unterstützung und ein besseres Image in der Öffentlichkeit durchaus gebrauchen.

Es gibt viele verschiedene Arten der Selbstständigkeit – von traditionellen mittelständischen Familienunternehmen, in denen sich heute oft die Frage der Nachfolge stellt, über Neugründungen bis hin zu Solo-Selbstständigen, die sich allein durchschlagen. Doch bei allen wird immer deutlicher, dass die jeweilige Entwicklung an Grenzen stößt. Für viele wird es schwieriger, nicht einfacher. Die Daumenschrauben – sei es aus Profit-, Kosten-, Finanzierungs- oder Schuldengründen – anzuziehen, ist bestenfalls kurzfristig ein gangbarer Weg. Außerdem zeichnet sich ein neues, problematisches Phänomen ab, das in den USA bereits alltäglich geworden ist: das Pendeln zwischen Jobs. Die Selbstständigkeit wird mit dem Preis eines oder mehrerer Angestelltenverhältnisse »bezahlt«. Zwar wird von Kammern, der Politik und den Unternehmen selbst gefordert, unternehmerisch zu denken und zu handeln, nur woher soll diese Kompetenz kommen, wenn es beispielsweise keinen elterlichen Betrieb gibt, der das vorlebt? Und selbst das Vorhandensein von Vorbildern garantiert noch nicht, dass das unternehmerische Denken gefestigt ist. Vor diesem Hintergrund wäre es eine Überlegung wert, ein entsprechendes Schulfach in den Lehrplan zu integrieren. Die Lehrkräfte könnten mit einem Beratervertrag ausgestattete Unternehmer sein, bei denen nicht der Verdienst im Mittelpunkt steht, sondern die Herausforderung, jungen Menschen zu zeigen, welche unglaublichen Perspektiven sich aus einer Selbstständigkeit ergeben können.

Schon heute gibt es eine Menge Pilotprojekte: Firmen, die sich mit neuen, nachhaltigen Ideen am Markt etablieren, und Geschäftsführer, die sich nicht auf den Gewinn konzentrieren und denen es nicht nur darum geht, alles möglichst billig herzustellen, sondern die zu alten Werten zurückkehren: sozialer Verantwortung und »altmodischer« nachhaltiger Produktion. Es ist eine gesellschaftliche Aufgabe, andere, neue Lösungen zu finden und zu erdenken, damit die süßen Trauben der Selbstständigkeit nicht immer öfter sauer werden.

Zucker für die Seele – Übermotiviert und ohne Sinn

Eines Tages rief mich ein Geschäftsführer an: Ich sollte für die Vertriebsmitarbeiter seines Unternehmens ein Motivationstraining durchführen. Es sei nötig, da seine Mitarbeiter seiner Ansicht nach nicht mehr so viel Enthusiasmus bei der Arbeit zeigten, wie er sich das wünschte. Das Training sollte wieder »neuen Schwung in die Sache« bringen.

Meine Kernkompetenz ist das Verhandeln. Deshalb buchen mich die meisten meiner Kunden, um Vertriebstrainings oder Seminare zum Thema Verhandeln durchzuführen. Doch dieser Geschäftsführer schien das Problem nicht in mangelnden Werkzeugen oder technischen Fähigkeiten seiner Mitarbeiter zu sehen. Also hakte ich nach: »Gut, wenn Sie sagen, Ihre Leute brauchen *neuen* Schwung. Dann hatten ihre Mitarbeiter also schon mal Schwung?«, folgerte ich und fragte: »Wie messen Sie denn die sinkende Motivation?«

Ist Motivation messbar und wenn ja, dann wie?

Die prompte Antwort lautete, dass der Umsatz des Unternehmens seit einigen Monaten, im Grunde eigentlich schon seit Jahren, stetig zurückgegangen sei und dass sich diese Entwicklung jetzt noch verstärkt habe. So könne und dürfe es nicht weitergehen. Die Schlussfolgerung meines Kunden war simpel: Die Geschäfte waren rückläufig, also waren die Mitarbeiter nicht motiviert genug bei der Sache. So denken heutzutage viele Verantwortliche in Unternehmen: Wenn der Umsatz sinkt, nehmen sie an, dass die (mangelnde) Motivation der Mitarbeiter daran schuld sei. Oft wird dabei übersehen, dass es viele Gründe für rückläufige Umsätze und Gewinne gibt. Und natürlich werden rückläufige Umsätze die Motivation und die Begeisterung der Mitarbeiter negativ beeinflussen. Die sinkende Motivation ist dann jedoch die Folge und niemals die Ursache für den fallenden Umsatz. Diese Entwicklung führt dann oft zu einer zunehmenden Unzufriedenheit der Führungskräfte – und zwar mit der Leistung der Mitarbeiter, insbesondere mit deren Motivation.

Für meinen Kunden war die Sachlage eindeutig: Das Problem lag bei den Mitarbeitern. Im Unternehmen hatten sich eine schleichende Lustlosigkeit und eine generell düstere Stimmung breitgemacht. Das wollte der Geschäftsführer durch ein Motivationstraining verbessern. Er rechnete sich aus, dass die Mitarbeiter mit einer professionellen Motivationsförderung den Umsatz – und damit auch die Gewinne des Unternehmens – wieder in die Höhe treiben würden. Doch funktioniert das wirklich so einfach? Lässt sich die nötige Dosis Motivation einfach in Form eines Trainings von außen einkaufen?

Verhelfen professionelle Motivationstrainings zu mehr Umsatz?

Zunächst ein paar allgemeine Überlegungen zur Motivation und ihrer Wirkungsweise. Generell gilt: Motivation ist wesentlich für das Handeln. Was Motivation bewirken kann, weiß ich aus eigener Erfahrung. Ich habe bereits einige Bücher geschrieben. Das war zusätzliche Arbeit, die ich neben meiner eigentlichen Tätigkeit zu bewältigen hatte. Doch diese »Mühen« nahm ich gern auf mich. Ganz besonders gilt das für das Buch, das Sie gerade lesen. Trotz aller Anstrengungen hat es mir viel Freude gemacht, es zu schreiben.

Warum ist das so? Was motiviert bei bestimmten Projekten mehr als bei anderen? Warum kann etwas, das einem große Mühen, eine besondere Leistung und viele Anstrengungen abverlangt und zudem oft stressig und kompliziert umzusetzen ist, dennoch die Bereitschaft hervorrufen, dafür mehr zu tun als für andere, vergleichsweise leichte Projekte? Wäre es nicht wunderbar, wenn man eine solche Motivation quasi auf Knopfdruck hervorrufen könnte? Dann wäre es tatsächlich sehr einfach, die Mitarbeiter im oben beschriebenen Unternehmen zu motivieren. Liegt der Geschäftsführer mit seiner Annahme, durch professionellen Ansporn von außen die Umsätze wieder ankurbeln zu können, also doch richtig?

Auf jeden Fall ist dieser Ansatz heute weit verbreitet. Motivation ist ein großes Thema. Es vergeht wohl keine Woche, in der es nicht in den Medien diskutiert wird. Das Wort »Motivation« ist in aller Munde: In fast jedem Bereich wird motiviert, soll »mit Schwung« gearbeitet werden.

Das betrifft den Vertrieb, das Marketing, die Produktion, die Entwicklung, aber auch den privaten Bereich, ob im Sport, im Haushalt oder bei der Gesundheit. Und auch die Kinder brauchen Motivation für die Schule. Es entsteht der Eindruck: Wer sich gegen diese »Motivationswelle« stellt, macht sich verdächtig, zumindest ausgebrannt, vielleicht sogar überfordert oder gar faul zu sein.

Fakt ist, dass ich eine extrem hohe Motivation hatte, gerade dieses Buch zu schreiben. Das Thema liegt mir persönlich sehr am Herzen. Deshalb fiel es mir kaum schwer, mich selbst anzuspornen – und sogar noch mehr Arbeit auf mich zu nehmen, als ich ohnehin schon habe und auch als ich beim Schreiben der vorherigen Bücher hatte. Die Arbeit machte mir Spaß, ich tat sie gern. Bei den Mitarbeitern des Geschäftsführers war das offenbar anders.

Und genau an dieser Stelle liegt der Hase im Pfeffer. Deshalb war mir auch klar, dass ich die Anfrage des Geschäftsführers gleich zu Beginn in einen anderen Kontext setzen musste. Ich stellte meinem Kunden also die Frage: »Sie möchten den Umsatz wieder steigern. Würde sich denn bei einem höheren Umsatz das Problem ›Motivation‹ für Ihre Mitarbeiter von selbst lösen?«

Diese Frage überraschte meinen Gesprächspartner, die Antwort schien ihm selbstverständlich. Für ihn hingen diese beiden Aspekte unmittelbar zusammen: Wenn der Umsatz stiege, dann *seien* die Mitarbeiter ja motiviert! Mehr noch: Um den Umsatz zu steigern, müsse ja die Motivation hoch sein. Er sah darin keine voneinander getrennten Themenbereiche. Ich hakte daher weiter nach: »Einfach mal angenommen, Ihre Buchhaltung würde Ihnen vier Wochen nach dem Training sagen, Ihr Umsatz sei um zehn Prozent gestiegen. Wie wichtig wäre Ihnen dann die Motivation der Mitarbeiter?«

Die Antwort des Chefs kam wie aus der Pistole geschossen und aus tiefstem Herzen: »Sie wäre mir egal. Es geht mir hier um die Zukunft der Firma, die Zahlen und um den Gewinn.«

Das Gespräch hatte mir etwas Wichtiges verraten, auch wenn es der Geschäftsführer nicht direkt ausgesprochen hatte – oder eventuell selbst gar nicht wusste. Ich bekam den Eindruck, dass die Belegschaft tatsächlich nicht (mehr) motiviert war. Allerdings wurde in den folgenden Gesprächen immer deutlicher, dass der zurückgehende Umsatz und die schlechte Auftragslage nicht ausschließlich an der Einstellung der Mitarbeiter zu ihrer Arbeit festgemacht werden konnten. Ein Unternehmen, in dem es der Geschäftsleitung mehr oder weniger gleichgültig ist, ob die Angestellten Freude an ihrer Tätigkeit haben, hat sicherlich mehr Probleme als nur eine zu geringe Motivation der Mitarbeiter.

Haben Mitarbeiter keine Freude an der Arbeit, liegt ein größeres Problem vor als fehlende Motivation.

Vor diesem Hintergrund empfahl ich dem Kunden, im Rahmen einer Beratung zunächst zu analysieren, worin die tatsächlichen Ursachen für die sinkenden Umsätze seines Unternehmens lagen und dann die geeigneten Maßnahmen festzulegen. Der Geschäftsführer war einverstanden. Dass die Belegschaft tatsächlich kaum Motivation zeigte, konnte ich rasch feststellen. Bei genauerer Betrachtung der Sachlage rückte der verantwortliche Vertriebsleiter in den Fokus. Möglicherweise war er der Grund für den rückläufigen Umsatz und den daraus resultierenden geringen Enthusiasmus.

In vielen Unternehmen ist es üblich, dass Führungskräfte die »Chefsachen« selbst übernehmen, wie beispielsweise die persönliche Betreuung besonders treuer oder bedeutender Kunden. Diese Kunden erhalten dadurch einen Sonderstatus, der für sie oft von Vorteil ist. Genauso wurde in diesem Betrieb verfahren. Die Mitarbeiter waren gehalten, alle Anrufe und Anfragen von Top-Kunden sofort an ihren Vorgesetzten weiterzugeben und auf keinen Fall selbst zu bearbeiten.

Doch in diesem Fall hatte diese Vorgehensweise fatale Folgen. Der betreffende Vertriebsleiter war ein Vorgesetzter mit zahlreichen Verpflichtungen, und so mussten gerade diese speziellen Kunden häufig länger warten, bis Zeit für ihre Anliegen gefunden wurde, als viele »kleinere« Kunden. Letztere durften die

Mitarbeiter selbst betreuen. In der Folge wanderten einige Premiumkunden ab – denn sie fühlten sich gar nicht mehr wie Premiumkunden behandelt.

Zudem zog der Vertriebsleiter nahezu jede halbwegs wichtige Verkaufsverhandlung an sich. Sobald es einen größeren Auftrag zu verhandeln gab, machte er das selbst. Seine Mitarbeiter hatten gar nicht genug Gelegenheit zu verkaufen und zu verhandeln und nach einiger Zeit auch schlicht keine Übung mehr. Gleichzeitig war der Vertriebsleiter überfordert, in Verhandlungen schlecht vorbereitet und gedanklich oft schon beim nächsten Kunden

Die Lösung für dieses Problem war einfach: Die Sachbearbeiter wurden ermächtigt, ab sofort auch die Top-Kunden zu betreuen und selbst zu verhandeln. Die Verkäufer lernten einige Tricks, um schneller und sicherer zum Abschluss zu kommen, der gesamte Vertrieb wurde geschult in »Verhandeln im Team« und der Vertriebsleiter bekam als Trainer seiner »Verkaufsmannschaft« eine Trainerausbildung und ein Seminar für Führungskräfte im Vertrieb. Der Erfolg stellte sich dank der speziellen Vertriebs- und Verhandlungstrainings sehr schnell ein. Das zeigte sich zunehmend an den steigenden Umsatzzahlen.

Meine Analyse brachte noch ein weiteres Problem ans Tageslicht. Es betraf den Fuhrpark. Man hatte für den Vertrieb Autos geleast, deren Kilometerleistung vertraglich geregelt war: 110 000 Kilometer auf drei Jahre pro Wagen. Ein sehr gewissenhafter Controller, der die in den letzten Jahren gestiegenen Kosten genau inspiziert hatte, hatte verfügt, dass pro Jahr nur noch rund 36 000 Kilometer gefahren werden durften. Die Einhaltung dieser Begrenzung wurde monatlich überprüft. Für die Außendienstler bedeutete das, dass sie nicht mehr als 3000 Kilometer pro Monat fahren durften. 3000 Kilometer im Monat, das hört sich im ersten Moment viel an, ist aber für einen Vertriebler, der innerhalb der gesamten Bundesrepublik mehrere Kunden zu betreuen hat, ganz einfach zu wenig.

Die Folge war ebenso grotesk wie fatal: War das Kilometerkontingent nahezu erfüllt, wurden für den laufenden Monat kurzerhand keine Kundentermine mehr vereinbart, sondern stattdessen auf den nächsten Monat gelegt. Statt beim Kunden, waren die Vertriebsmitarbeiter in der Firma oder im Homeoffice. Die Kunden fühlten sich schlecht betreut, vor allem dann, wenn sie beratungsintensive Projekte persönlich besprechen wollten, und vergaben ihre wichtigeren – und damit oft auch lukrativeren – Aufträge an Wettbewerber. Hinzu kam, dass durch dieses wirklich unsinnige Kilometerlimit gerade der Erstkontakt mit Neukunden oft nur zögerlich erfolgte und einen schlechten ersten Eindruck hinterließ. Von diesem ersten Eindruck wurde dann leider sehr oft auf das ganze Unternehmen und die weitere Geschäftsbeziehung geschlossen, und weitere Kontakte wurden dann auch schon mal abgelehnt. Auch das war schlecht für die Umsätze und die Eigenmotivation der Mitarbeiter. Die Betreuung der noch vorhandenen Kunden zog sich unnötig lange hin und die Mitarbeiter traten insgesamt nicht sehr engagiert auf.

Vom Controlling veranlasste Sparmaßnahmen können groteske Folgen haben.

Was lehrt uns dieses Beispiel? Die Erfahrung zeigt: Wenn die Zahlen in einem Unternehmen nicht stimmen, ist es ratsam, alle Bereiche des Unternehmens zu durchleuchten, Wechselwirkungen zu betrachten, Ursache von Wirkung zu unterscheiden und nicht einseitig oder gar voreilig an der Motivation der Mitarbeiter zu zweifeln. In den seltensten Fällen sind unmotivierte Mitarbeiter die Ursache, meist sind sie die Folge. Ein Motivationstraining bringt in solchen Fällen gar nichts. Die Ursache des Problems muss abgestellt werden – nur an den Symptomen zu arbeiten, hilft ebenso wenig wie ein unmotiviertes Motivationstraining.

Ein weiteres Beispiel aus der Praxis illustriert ebenfalls, warum es sich lohnt, auch mal folgende Frage zu stellen: »Können die Mitarbeiter überhaupt für mehr Umsatz sorgen?« In diesem Fall beriet ich ein Unternehmen, das eine neue Software auf dem Markt einführen wollte. Es handelte sich um eine Software für Arbeitsprozesse, die den gesamten Ablauf einer Fertigung bei gleichzeitiger Multioptionalität vereinfachen sollte. Doch bei der Einführung wurde versäumt, den Vertriebsmitarbeitern dieses Tool genau zu erklären, damit sie es anschließend den Kunden erläutern können. Bei der durchgeführten Analyse zeigte sich, dass die Vertriebler gar nicht in der Lage waren, diese Software zu bedienen. Ihnen war das Tool lediglich aus den enthusiastischen Beschreibungen der Entwickler bekannt. Dabei hatten sie jedoch nicht erfahren, worin der Kundennutzen bestand. Sie konnten also nicht klar sagen, wie diese branchenspezifische Software letztlich die Arbeit erleichtern sollte. Zwar waren die Vertriebler selbst vom Fach, doch aufgrund mangelnder Kenntnisse standen sie der »neuen Technik« skeptisch und oft gar ablehnend gegenüber. Also übernahmen sie in ihren Verkaufsgesprächen einfach den »Sprech« der Entwickler und zählten beim Kunden einfach ein technisches Merkmal nach dem anderen auf, jedoch ohne zu erwähnen, was der Kunde davon hat. Der Nutzen für den Kunden, eines der wichtigsten Dinge im Verkauf, wenn nicht sogar das Wichtigste, fehlte dabei völlig.

Mangelnde Kenntnisse, Unwissenheit oder unzureichende Informationen führen zu Verwirrung oder gar Ablehnung.

Auch hier lagen also die eigentlichen Problemursachen klar auf der Hand. Ein Verkäufer, dem die Vorzüge seines Produkts unbekannt sind und der zudem nicht einen einzigen Nutzen für den

Kunden definieren kann, kann es nicht verkaufen. Er kann das Verkaufsgespräch auch nicht individuell an den Kunden anpassen. Unter diesen Umständen ist es kaum verwunderlich, dass der Verkäufer, der dieses Produkt einem Kunden vorstellen soll, lustlos und unmotiviert ist. Ebenso wenig überrascht es, dass sich der Kunde daraufhin fragt, warum er ein so lustlos vorgestelltes Produkt überhaupt kaufen soll, und es im Zweifel lieber sein lässt. Und dem Ausbleiben des Verkaufserfolgs folgt größer werdende Unlust. Doch maßgeblich verantwortlich für niedrige Umsätze war auch hier eine ganz andere Ursache. Die mangelnde Motivation kam erst danach.

Auch in diesem Fall ist ein Motivationstraining nicht die Lösung. Nach der Beratung gab es zunächst ein technisches Training am Tool. Anschließend wurden mehrere Mini-Workshops durchgeführt, um die Kundennutzen zu definieren, in die Sellingstory einzubinden und das Ganze zu trainieren. Die Verkäufe sprangen an, die Verkäufer hatten dadurch zusätzlich Freude am Verkauf, und der Umsatz ging weiter nach oben.

Verantwortung ist ein Motivationselement.

Alle bisher beschriebenen Beispiele haben eines gemeinsam: Die Ursache war nie die fehlende Motivation der Mitarbeiter. Deshalb war ein Motivationstraining auch nie die Lösung. Gehen Sie an die Ursache, dort liegt die Lösung.

In Unternehmen liegt die Ursache häufig an zu wenig »Empowerment« (Ermächtigung, Übertragung von Verantwortung) der Mitarbeiter. Mit der Übertragung von Verantwortung bringen Führungskräfte Selbstbestimmung und Selbstverantwortung in ihre Organisation. Der Geschäftsführer aus dem ersten Beispiel erkannte während des laufenden Prozesses, dass der Anstoß zur Steigerung der Motivation seiner Mitarbeiter, der gewünschte

»neue Schwung«, und die Steigerung des Umsatzes letztendlich von ihm kommen mussten. Er hatte den Mitarbeitern durch immer neue Regeln, durch immer engmaschigere Kontrollen den Wind aus den Segeln genommen. Die Demotivation ging von ihm aus, ohne dass es für ihn offensichtlich war.

Hand aufs Herz: Wie würden Sie arbeiten, wenn Sie wüssten, dass alles Handeln durch Kontrollen hinterfragt wird? Normalerweise bedeutet »entspanntes Arbeiten«, zu wissen, dass die Verantwortung an bestimmten Schnittstellen in einem Betriebsablauf gebündelt ist. Der Fokus richtet sich dann nicht nur auf die zugeteilten Aufgaben, sondern darüber hinaus auf eigenverantwortliches Handeln, soweit es die Kompetenzen erlauben. Nach einer angemessenen Einarbeitungszeit ist das zu erwarten. Andernfalls müssen sich die Führungskräfte fragen, ob *sie* die Ursache für Fehlprozesse sind. Chefanweisungen haben sicher ihren Sinn, aber wenn Mitarbeiter sich verweigern, dann ist Ansporn vergeblich. Das kann kein Motivationscoach richten. Die Begeisterung für eine Sache oder gar für den Betrieb ist ausgereizt. Um sie wieder neu zu entfachen, ist es nötig, an den Ursachen zu arbeiten.

Zwang hemmt Motivation.

Motiviert ist in der Regel derjenige, der Spaß an der Arbeit hat, weil er sie kompetent und eigenverantwortlich bewältigen kann und darf. Wie die Beispiele veranschaulichen, können die Voraussetzungen dafür geschaffen und mögliche Hindernisse beseitigt werden – vorausgesetzt, die Fehler wurden identifiziert. Viele Geschäftsführer handeln jedoch nach der Devise: »Vertrauen ist gut, Kontrolle ist besser.« Doch das ist häufig genau der falsche Weg. Wer stattdessen dafür sorgt, dass die Mitarbeiter ohne Hindernisse ihre Aufgaben erledigen können, ohne Kontrollen, ohne unnötige Einschränkungen, der hat in Sachen Motivation schon viel erreicht.

Ein ganz anderes Beispiel dafür, dass äußere Umstände die Motivation zusammenbrechen lassen können, liefert uns die Bundeswehr oder, neutral ausgedrückt, das Militär. Die meisten Männer meines Jahrgangs haben entweder Zivil- oder Wehrdienst geleistet, generell wurden bis 2011 die meisten jungen Männer in Deutschland zum Grundwehrdienst oder zum Zivildienst einberufen.

Ein Freund von mir, Andreas, hatte sich auf Zeit bei der Bundeswehr verpflichtet. Er war Ausbilder junger Rekruten. Zumeist stand er vor einer Truppe Anfangzwanziger. Die Mehrheit von ihnen war nicht freiwillig dort. Diese Truppe zu motivieren, war denkbar schwierig, auch wenn neben den Wehrpflichtigen auch einige angehende Berufssoldaten darunter waren. Kündigte Andreas eine Übung an, war davon auszugehen, dass höchstens zehn Prozent seines Zuges (so nennt man einen definierten Truppenteil) Bereitschaft zeigten, mitzumachen. Die meisten waren dagegen zögerlich, da sie erst einmal abwarteten, wie sich die vermeintlichen »Wortführer« der Gruppe verhielten. Wenigstens einer war immer darunter, der die Übung oder die Aufgabe verweigerte. Prompt schlossen sich weitere Rekruten dieser Haltung an. Das Zuggefüge war gestört, was in manchen Fällen zum Abbruch der Übung führte. Eine allgemeine Motivation zu erzeugen, durch die die Handlungen reibungslos abliefen, war beinahe unmöglich. Nur der Befehl – die Anordnung durch den Dienstrang – ermöglichte eine Umsetzung. Und das hat rein gar nichts mit Motivation zu tun.

Andreas entdeckte bei seinen Übungen mit den lustlosen Rekruten nach einiger Zeit gewisse Regeln. Er fing generell klein an, mit leichten Übungen, die nicht besonders anstrengend waren, um zu sehen, wie der allgemeine Leistungsstand war und wie die unterschiedlichen Leistungsniveaus verteilt waren. Dabei beobachtete er seine Truppe unter den Aspekten: Wer macht was? Wer gibt sich als Wortführer, und wer aus dem jeweiligen Zug richtet sich nach dem Wortführer? Dadurch machte er sich die Dynamik der Gruppe bewusst. So konnte er die Belastbarkeit der Rekruten besser einstufen und wusste, wer die anderen »mitziehen« oder sie »bremsen« konnte.

Dieses Ausgangsbild ermöglichte ihm, das Niveau nach und nach anzuheben. Auch hier machte er einige grundsätzliche Beobachtungen: Andreas konnte nicht grenzenlos die Leistung seiner Truppe steigern. Zwar war es möglich, die jungen Männer an ihre Grenzen zu führen und sogar noch weiter – einige von ihnen wuchsen erstaunlich weit über sich hinaus –, doch das war immer nur für eine begrenzte Zeit möglich. Danach brauchten sie Pausen, um sich zu regenerieren und um sich auch mental wieder zu sammeln. Seine Erfahrung war, dass ein konstantes Leistungsvermögen bei rund 80 Prozent liegt. Die restlichen 20 Prozent sind eine Art biologische Reserve, die ab und an durchaus angezapft werden kann, doch nicht auf Dauer. Diese Reserve braucht der Mensch, um in extremen Situationen zu überleben. Eine ständige Überschreitung der »80-Prozent-Normalleistung« beziehungsweise ein ständiges Anzapfen der übrigen 20 Prozent führt letzten Endes dazu, dass der Mensch körperlich irgendwann buchstäblich ausbrennt und zusammenbricht. Hinzukommt, dass dieser Dauerstress sich mental auswirkt. Der Betroffene schaltet schließlich ab und ist nicht mehr zu bewegen. Bei den jungen Rekruten konnte es vorkommen, dass einige von ihnen einfach liegen blieben. Neben einer entsprechenden Versorgung trugen dann auch lobende Worte zu einer schnellen Regeneration bei.

Jeder, der sich mit Maschinen beschäftigt, weiß, dass sie in der Regel eine Leistungsreserve haben, die jedoch nur im Notfall genutzt wird. Fährt man ein Gerät konstant am Limit, steigt der Verbrauch und man verursacht Schäden. Ausgerechnet bei Menschen wird dieser Zusammenhang aber oft übersehen. Die

Folgen lassen sich dann auch nicht durch mehr Motivation kompensieren.

Wer ständig am Limit arbeitet, brennt aus.

Andreas wusste, in einer gut trainierten und gut vorbereiteten Truppe, die die körperlichen Voraussetzungen erfüllt, herrscht eine gute Stimmung. Die Kameraden stehen füreinander ein. Doch Andreas war sich ebenso darüber im Klaren, dass widrige äußere Umstände dazu führen können, dass die Motivation schwindet oder sogar regelrecht zusammenbricht. Dauerregen bei vier Grad in einem Manöver, für das lange geübt wurde, das wiederholte Robben im Schlamm und ständig nasse Kleidung, dazu Vorgesetzte, die in einer solchen Situation auch noch saubere und gepflegte Uniformen verlangen, sind ein gutes Beispiel für Bedingungen, unter denen selbst in einer gefestigten Truppe »die Moral« kollabieren kann. Es liegt dann an den Vorgesetzten, aus der Situation das Beste zu machen und dafür zu sorgen, dass die Untergebenen nicht überstrapaziert werden. Schikanen qua Befehl sind absolut ungeeignet, um Menschen anzuspornen.

Das gilt nicht nur fürs Militär. So gibt es hier Parallelen zum Unternehmen, das ich zu Beginn beschrieben habe. Die Mitarbeiter dort hatten keinen Grund, motiviert zu sein. Es gab keinen Anlass, die Eigeninitiative zu zeigen, die von ihnen verlangt wurde. Sie waren in einer ähnlichen Situation wie die Soldaten im Manöver: Warum hätten diese sich bei Regen und Schlamm bemühen sollen, die Uniformen sauber zu halten? Ein sinnloses Unterfangen.

Demotivation droht also keineswegs nur beim körperlichen Training im Militärdienst, sondern ist auch in der Wirtschaft ein alltägliches Phänomen geworden. Geschäftsführer, die sich für ihre Mitarbeiter »neuen Schwung« wünschen, gibt es zuhauf.

Heutzutage ist es gang und gäbe, sich ständig selbst zu übertreffen. Chefs, die ihren Mitarbeitern nicht ständig 100 Prozent abverlangen, gelten schnell als zu weich oder gar unfähig. Es gilt jedoch, ein Gleichgewicht zu schaffen, eine Balance von Anspannung und Entspannung. Denn nur dann ist der Mitarbeiter in der Lage, konstant 80 Prozent seiner Leistungsfähigkeit zu nutzen und manchmal sogar noch mehr abzurufen – also Spitzenleistung zu erbringen. Wer immer noch mehr verlangt, kommt bald an einen Punkt, an dem der Mitarbeiter buchstäblich keine Reserven mehr hat.

Vielleicht ist eine Verschiebung des Blickwinkels in einigen Fällen ratsam. Neue Impulse sollten von den Verantwortlichen ausgehen. Es ist nun einmal eine Tatsache, dass besonders in Wirtschaftsunternehmen viele Unmotivierte – darunter auch Vorgesetzte – ihren Job nur dazu benutzen, private Ziele zu verfolgen. Einen Dienstwagen zu fahren, viel Geld zu verdienen, eine angesehene Position zu bekleiden, all das gilt als erstrebenswert. Verfolgt ein Vorgesetzter in seiner Position jedoch offensichtlich private Ziele, ist die Wahrscheinlichkeit hoch, dass seine Mitarbeiter es ihm gleichtun. Das fängt an beim: »Können Sie eben schnell meinen Anzug aus der Reinigung abholen?«, und hört bei der Gestaltung der Vereinszeitung des Golfvereins durch die Mitarbeiter noch nicht auf. Immerhin geben Vorgesetzte ja ein »gutes« Beispiel ab und haben eine Vorbildfunktion. Doch gerade ein Vorbild sollte per se motivieren.

Der Fisch stinkt vom Kopf – eine Redensart, die Chefs kennen sollten.

Alle bisherigen Überlegungen zum Thema Motivation kreisen um eine zentrale Wahrheit, die es festzuhalten gilt: Motivation kommt von innen. Es gibt Motivationstrainer, die sagen, es käme darauf an, die passende Umgebung für die innere Motivation zu schaffen. Vieles spricht für diesen Standpunkt. Wie die angeführten Beispiele verdeutlichen, kann etliches getan werden, um die Stabilität, die Motivation und letztlich den Gewinn eines Unternehmens zu sichern. Doch nach meiner Erfahrung und zahlreichen Gesprächen bin ich zu der Überzeugung gelangt, dass die eigentliche Motivation immer nur aus einem selbst kommen kann.

So muss man sich als Mitarbeiter der Verantwortung stellen. Mit der Unterzeichnung eines Arbeitsvertrags erwirbt man nicht nur den Anspruch auf eine regelmäßige und definierte Entlohnung, sondern man übernimmt ebenso die Verantwortung, die anfallenden und übertragenen Aufgaben nach bestem Wissen und nach Kräften zu erfüllen. Darüber sollte man sich im Klaren sein. Es wird – zu Recht! – erwartet, dass der Mitarbeiter die Motivation selbst mitbringt.

Doch ein klarer Appell an die eigene Verantwortung, verbunden mit der Möglichkeit, innerhalb eines definierten Rahmens auch wirklich eigenverantwortlich zu handeln, bleibt oft aus. Stattdessen breitet sich in Wirtschaft und Gesellschaft zunehmend die Ansicht aus, dass durch zielgerichtete Motivationsimpulse von außen alles gut wird. Man sucht den Ansporn gar nicht mehr in sich selbst und sieht Motivation nicht mehr als etwas, das man selbst bereit ist zu leisten. Ansporn und Motivation gelten vielmehr als Voraussetzungen, die von außen bereitgestellt oder geliefert werden müssen.

Übermotivation bewirkt das Gegenteil: Demotivation.

Je kleinteiliger das Controlling wird, desto öfter muss noch mehr »Motivation« nachgeschoben werden. Der sprunghafte Anstieg der Zahl der Motivationstrainer in den letzten 20 Jahren ist ein

Indiz dafür. Mittlerweile ist »Motivationscoach« schon ein eigenes Berufsbild geworden.[38] Es gibt so viele Motivationstrainer, dass sie begonnen haben, sich zu spezialisieren. Um sich in diesem breiten Marktumfeld von den Wettbewerbern abzusetzen, fangen einige Trainer an, den Begriff der »Motivation« neu zu definieren. Ihrer Ansicht nach müssen die Menschen nicht mehr nur motiviert, sondern sogar »begeistert« werden. Mitarbeiter großer Konzerne sollen bei ihnen lernen, ihrer Arbeit »mit Begeisterung« nachzugehen.

Der Wunsch einiger Unternehmenschefs nach entsprechend begeisterten Mitarbeitern führt besonders in Ländern, in denen Fleiß als besonders wichtige Tugend gilt, zu skurril anmutenden Auswüchsen. Das Newsportal blick.ch berichtete kürzlich, dass eine chinesische Internetfirma ihren Programmierern drei Cheerleader zur Verfügung stellt. Die Cheerleader bringen den Programmierern nicht nur Frühstück, sondern sie plaudern mit ihnen und spielen Tischtennis mit ihnen.[39] Handelt es sich hier um einen weiteren Auswuchs der Spezialisierung der Motivationstrainings?

Es wird nicht mehr allein darüber gesprochen, was uns motiviert, sondern gründlich analysiert, wofür wir uns begeistern und was uns antreiben könnte. Da ist es kaum verwunderlich, dass derzeit auch immer mehr Trainer aus dem Boden sprießen, die sich näher mit der Generation Y beschäftigen. Diese Generation (die Jahrgänge 1980 bis 1995) steht für eine unabhängige Schicht junger Menschen, die sehr individuell denken und sich auch nur für individuell auf sie zugeschnittene Dinge begeistern. Außerdem neigen diese jungen Menschen dazu, vieles zu hinterfragen. Erschließt sich ihnen der Sinn einer Tätigkeit nicht oder sehen sie gar Nachteile darin, dann gehen sie keine Verpflichtung ein. Für Unternehmen kann das bedeuten, dass sie diese durchaus interessanten Arbeitskräfte nicht für sich »begeistern« können. Gerade für Firmen, die in klassischen und traditionellen Arbeitsprozessen denken, ist das eine völlig neue Situation. Mit althergebrachten Methoden kann man diese Generation nicht mehr motivieren, geschweige denn begeistern.

Die Generation Y fragt nach dem Sinn – haben wir Antworten?

Muss man also noch differenzierter vorgehen? Die Branche der Motivationstrainer scheint das so zu sehen, doch das Problem verdeckt eigentlich nur ein anderes: Motivation wird oft auch bei der Generation Y dazu eingesetzt, die offensichtlichen Symptome zu bekämpfen, statt die wirklichen Ursachen anzugehen.

Und natürlich kann man sich auch selbst motivieren. Mit den richtigen Strategien gelingt es uns, Dinge gut zu tun, die wir nicht gerne tun, eigentlich gar nicht tun wollen. Manchmal schwebt über all dem der Wunsch, noch besser zu sein, noch mehr Leistung zu erbringen, noch länger auf 100 Prozent zu laufen. Oder gar dem eigenen Wunsch zu folgen, alles zu geben, die 110 Prozent, und das am besten ständig.

Bei Lustlosigkeit gibt es Motivation auf Rezept.

Doch es geht auch scheinbar einfacher: Ritalin ist ein Medikament, das Kindern und Jugendlichen mit diagnostizierter Aufmerksamkeitsdefizit- / Hyperaktivitätsstörung (ADHS) von Ärzten verschrieben wird. Ritalin soll Kindern unter anderem dabei helfen, sich besser und länger auf eine Sache konzentrieren zu können. Inzwischen gibt es jedoch Erwachsene, die sich Ritalin selbst und auf eigene Kosten besorgen, um höhere Leistungen zu erbringen, um immer noch mehr zu leisten, selbst dann, wenn schon nichts mehr geht.[40]

Das ist das eine Extrem – das andere, das sind all diejenigen, die offenbar jeglichen Leistungswillen verloren haben: Haben wir es tatsächlich mit einem Heer von Unmotivierten zu tun, die sich standhaft weigern, auch nur einen Hauch von Begeisterung für die selbst gewählte Arbeit zu zeigen? Radio- und TV-Sender springen auf den »Wir sind alle unmotiviert«-Zug auf. Slogans wie »Hurra Wochenende« (von RTL jahrelang gesendet) und »Wir helfen Ihnen durch den Montag« sprechen Bände davon, wie viele Angestellte nur noch auf die Pausen, das Wochenende und den nächsten Urlaub hinarbeiten, ohne noch Freude an der Arbeit zu haben.

Das könnte daran liegen, dass die Reserven schon zu lange angezapft wurden – ohne Gelegenheit, die »Batterien« wieder aufzuladen. Am Ende dieser Entwicklungslinie brennen die Menschen regelrecht aus, Sie haben einen Burn-out, einen Zustand ausgesprochener Erschöpfung mit reduzierter Leistungsfähigkeit. Das ist Erschöpfung aufgrund von Überlastung. Zugleich gibt es inzwischen auch den Begriff des »Bore-outs«: ausgebrannt durch Langeweile. Bore-out bezeichnet einen Zustand ausgesprochener Unterforderung im Arbeitsleben, also nicht nur ein Zuviel, sondern auch ein Zuwenig kann schädlich sein und krank machen. Beide Zustände zeigen übrigens ähnliche Symptome, unter anderem Niedergeschlagenheit, Antriebslosigkeit, ein Gefühl von der Wirkungslosigkeit und eine Distanzierung vom Job.

Da stellt sich die Frage, was von außen verordnete Motivation hier bringen soll. Ist es wirklich mittlerweile gesellschaftlicher Konsens, dass Motivation etwas ist, das von außen zu kommen hat? Ist Motivation also »verabreichbar« wie Medizin? Und wenn es so ist – überdeckt das nicht das eigentliche Problem, die eigentliche Ursache?

Eine abschließende Antwort auf diese Fragen kann es nicht geben. Zu vielschichtig sind die Ausgangssituationen, wie bereits die wenigen Beispiele gezeigt haben. In jedem Fall muss analysiert werden, wo die Ursachen liegen und warum Maßnahmen zur Steigerung der Motivation gerade hier als Lösung in Betracht gezogen werden sollen.

Auf welche Weise Menschen heutzutage nicht motiviert, sondern sogar massiv demotiviert werden, soll ein abschließendes Beispiel zeigen, in dem ein Ansporn ganz anderer Art in einem lebenswichtigen Sektor verloren geht: der Landwirtschaft. Vor Kurzem las ich in einer regionalen Zeitung die Überschrift: »Schleuderangebote sind Demütigung für Bauern«[41]. Im österreichischen Bundesland Tirol hat ein Bezirksbauernobmann seinen Unmut über die aggressive Preispolitik der Lebensmitteldiscounter öffentlich geäußert. Für ihn brachte eine aktuelle Werbeaktion einer auch bei uns bekannten Supermarktkette mit sehr niedrigen Lockangeboten das Fass zum Überlaufen. Durch solche Schleuderangebote entstünde der Eindruck, dass Fleisch- sowie Milcherzeugnisse wertlose Produkte seien. Für ein Kilo Fleisch bekommt ein Bauer gerade so viel, wie er in die Produktion investiert – ein Nullsummengeschäft. Für die meisten Bauern in seinem Bezirk ist dieser Umstand mittlerweile so existenzbedrohend geworden, dass es ohne einen Zweit- oder gar Drittverdienst nicht mehr geht. Dieses eklatante Missverhältnis müsse dem Verbraucher endlich klargemacht werden. Der Obmann führte weiter aus: »Es muss die Frage gestellt werden, ob man im Bezirk überhaupt noch eine Landwirtschaft will!« Die regelmäßige Werbung der Discounter bezeichnete er als »mehr als demütigend«. Er sagte: »Wenn Bauern sehen, dass ihre Produkte keinen Wert mehr haben, dann ist das ein massives Motivationsproblem.«[42]

Es gibt Dinge, die sind nicht mit Subventionen auszugleichen.

Mit einem Motivationstraining ist der Unmut dieser Bauern wohl kaum zu beheben. Subventionen würden die finanziellen Differenzen zwar bis zu einem gewissen Grad auffangen, jedoch wirken sie nur bedingt am Symptom. Werden sie gestrichen, besteht das Problem weiter. Außerdem machen Subventionen die Bauern zu Bittstellern. Das ist ebenso deprimierend wie demotivierend: Der Sinn der Arbeit wird in Frage gestellt. Wenn etwas sinnlos erscheint, dann sinkt die innere Bereitschaft, etwas zu leisten. Es kommt noch ein weiterer Punkt hinzu: Etliche Bauern sind, wie im Falle des Artikels die Tiroler Bauern, mit ihren Tieren, ihrem Hof und ihrer Heimat eng verbunden. Durch den geringen Preis der Produkte, der bestenfalls den Produktionskosten entspricht, stellt man zusätzlich ihre Heimat in Frage. Das alles geht weit über die rein materielle Problematik hinaus. Dieser sehr wesentliche Faktor ist den verantwortlichen Managern der Lebensmittelketten bestenfalls gar nicht bewusst oder schlimmstenfalls egal.

Ist es vielleicht an der Zeit, wirtschaftliche und auch politische Zeichen zu setzen, indem der Bauer für seine Arbeit und seinen allgemeinen gesellschaftlichen Beitrag am Gewinn aus dem Verkauf seiner Produkte beteiligt wird? Wäre das ein Lösungsansatz, um das angesprochene Motivationsproblem anzugehen?

Spätestens hier sollte klar sein, dass (fehlende) Motivation an sich selten das eigentliche Problem ist. Das Thema Motivation erscheint mir in all seinen Facetten strapaziert bis überstrapaziert zu sein. Wenn Menschen nicht mehr motiviert sind, liegt das meist daran, dass sie demotiviert wurden. Motivation wiederum gibt es weder auf Rezept noch durch Training. Motivation kann nur von innen kommen.

Der Wurm im Apfel – Der moderne Gesundheitsmarkt

Das Krankenhaus meines Ortes ist mit rund 1000 Betten nicht besonders groß. Früher war es einmal das Kreiskrankenhaus und damit zuständig für die medizinische Versorgung der Menschen der gesamten Gegend. Vor einigen Jahren wurde dieses Krankenhaus mit anderen Kliniken zusammengelegt, bekam neben einem neuen Namen noch einige weitere ambulante Einrichtungen und wurde in eine eigenständige Gesellschaft ausgelagert.

Eine Abteilung des Krankenhauses, auf der diese Veränderung besonders deutlich sichtbare Auswirkungen hat, ist die für Geburtshilfe. Wie viele andere Abteilungen wurde auch die Geburtshilfe neu ausgerichtet. Ein Bekannter von mir, Stefan, und seine Lebensgefährtin, Heike, machten dort anlässlich der Geburt ihres Sohnes eingehende Erfahrungen. Doch zunächst standen sie vor der Entscheidung, wie und wo die Geburt stattfinden sollte.

Wer die Wahl hat, hat die Qual.

Heutzutage ermöglicht das Gesundheitswesen viele Optionen. Eine nur von einer Hebamme begleitete Hausgeburt, bei der ein Arzt nur im Notfall hinzugezogen wird, kam ebenso in Betracht wie die Geburt in einem speziellen Geburtshaus, doch letztendlich entschieden sich Stefan und Heike dafür, dass Heike in einer Klinik entbinden sollte. Sie begannen, sich umfangreich zu informieren.

Dabei stellten sie fest, dass es in den Krankenhäusern der Region üblich geworden war, entsprechende Informationsabende für Paare anzubieten. Diese finden zum Teil alle 14 Tage statt, das jeweilige Krankenhaus stellt dabei sich selbst und seine Einrichtungen vor, meist sind auch gleich mehrere Vertreter des medizinischen Personals und des Pflegestabs anwesend. Bei einem dieser Abende trafen Stefan und Heike auf den Chefarzt des Kreißsaals, die leitende Hebamme, den gynäkologischen Oberarzt sowie einige Ärzte der Kinderintensivstation. Ferner lernten sie bereits einige der Pflegerinnen und Pfleger kennen, die sich später um Mutter und Kind kümmern würden.

Für die Krankenhäuser wiederum haben diese Abende auch einen praktischen Nutzen. Das Klinikpersonal bekommt dadurch einen groben Überblick darüber, wie hoch in den nächsten Wochen das Patientenaufkommen werden könnte. Zumindest eine gewisse grobe Schätzung wird mit etwas Erfahrung dadurch möglich. In Zeiten, in denen auch Krankenhäuser mehr und mehr auf Effizienz getrimmt werden, Planungen abgeben und den Personalstand niedrig halten müssen, ist das ein nicht zu unterschätzender Punkt.

Hinzu kommt der Werbeeffekt: Ein Krankenhaus kann sich und seine Leistungen bewerben und potenziellen Patienten Einblick gewähren. Das war in Deutschland lange Zeit nicht möglich. Jegliche Werbung war Ärzten und medizinischen Einrichtungen wie Kliniken strikt untersagt. Erst langsam lockerte sich das Werberecht für Ärzte. Dennoch unterliegen sie strengen Richtlinien.[43]

Werbung war Ärzten in Deutschland bis 2002 grundsätzlich untersagt.

Für Stefan und Heike waren diese Informationsveranstaltungen sehr hilfreich. Es gab in der Umgebung mehrere Krankenhäuser, die sowohl eine Geburtshilfe- als auch eine Station für Säuglings- und Frauenheilkunde besaßen. Die Versorgung bei eventuellen Komplikationen während oder auch nach der Geburt war also gesichert.

Durch die Infoabende fühlten sich die beiden zudem gut vorbereitet. Das lag auch daran, dass die Aufklärungsabende sehr gut organisiert waren: Es gab Diskussionen, Vorträge und eine Fragerunde für spezielle Anliegen der Patientinnen und ihrer Partner. So beschäftigte einen der zukünftigen Väter die Frage, wo er denn auf der Geburtsstation rauchen könnte, wenn seine Frau bei der Entbindung möglicherweise länger bräuchte. Das alles lief in angenehmer Atmosphäre ab, Snacks und Getränke wurden serviert und am Ende wurden Hochglanzprospekte und sogar verschiedene Werbegeschenke der Industrie verteilt und gerne angenommen.

Werden medizinische Einrichtungen zu Wellness-Hotels?

Stefans Berichte hörten sich teilweise zu perfekt an. Vielleicht lag es auch an meinen Erfahrungen als Verhandlungsexperte, dass ich bei einigen Ausführungen hellhörig, gar misstrauisch wurde. Seine Schilderungen klangen mehr nach Beschreibungen eines Wellness-Urlaubs als nach einem Krankenhausaufenthalt. Die Sache hatte offensichtlich einen Haken, denn ein solcher Aufwand bei der Patientenbetreuung bedeutet Kosten. Da aber das Gesundheitswesen ebenso wie viele Bereiche in der Wirtschaft unter Kostendruck steht, würde bestimmt an anderer Stelle eingespart beziehungsweise scharf kalkuliert werden müssen. Die vielfältigen Versprechungen, die an diesen Abenden gemacht wurden, hörten sich einfach zu gut an.

Besonders tat sich das eingangs erwähnte zentrale Krankenhaus unserer Region hervor. Ich stellte Nachforschungen an. Es stimmte zwar, dass der Chefarzt, der Heike und Stefan auf der Veranstaltung als verantwortlicher Arzt des Kreißsaals vorgestellt worden war, tatsächlich bei Geburten zugegen war – für Heike war das ein wichtiges Kriterium –, beim genaueren Nachforschen zeigte sich jedoch, dass er noch weitere Krankenhäuser in der Region betreute. Es war daher möglich, dass er, obwohl im Dienst, bei der Geburt von Heikes Kind selbst bei bestem Willen gar nicht anwesend sein konnte.

Mit diesem Wissen im Hinterkopf informierten Heike und Stefan sich selbst weiter. Sie fragten im Geburtsvorbereitungskurs nach. Viele der Frauen, die mit Heike den Kurs besuchten, waren bereits Mutter geworden und berichteten bereitwillig von den Erfahrungen, die sie mit eben diesem Krankenhaus gemacht hatten. Es stellte sich heraus, dass die Klinik an Pflegepersonal sparte – vermutlich aus Budgetgründen. Die erfahrenen Kursteilnehmerinnen waren sich einig, dass es in diesem Krankenhaus generell sehr lange dauert, bis das Pflegepersonal auf ein Klingeln, also auf Patientenwünsche, reagiert.

Darüber hinaus wurden weitere Dinge bemängelt. Dazu gehörten unter anderem die Qualität des Essens, lange Wartezeiten bei der Rückbildungsgymnastik oder die fehlende Aufklärung bei kleineren medizinischen Problemen beziehungsweise Fragen. Einzelfälle? Bedingte Vorkommnisse? Auf jeden Fall warfen diese Berichte einen Schatten auf das Bild eines »Wellness-Aufenthaltes« während der Entbindung, das die Klinik präsentiert hatte. Ein Wurm im Apfel?

Heike entschied sich letztendlich dennoch für dieses Krankenhaus. Es befand sich zum einen in Laufweite zu ihrer eigenen

Wohnung und ermöglichte es zum anderen auch Stefan, die junge Mutter und das Neugeborene oft zu besuchen. Für Stefan war das wichtig, denn so konnte er Heike rasch unterstützen, falls wirklich Probleme auftreten sollten und der Klinikaufenthalt länger als geplant dauern würde.

Gesundheit wird erst zum Thema, wenn sie in Gefahr ist.

Schon zu diesem Zeitpunkt beschäftigte mich die Frage, wie sehr Prozesse und Erwartungen in unserer Gesellschaft ausgereizt sind oder werden können. Darum blieb ich bei Heike und Stefan weiter am Ball. Ihre Berichte hatten mein Interesse geweckt. Konnte es sein, dass auch das Gesundheitswesen ausgereizt war? Obwohl Gesundheit ein zentraler Aspekt unseres Lebens ist, beschäftigen wir uns meist erst dann damit, wenn unsere Gesundheit in irgendeiner Form bedroht ist. Durch Heike und Stefan wurde mir nach und nach immer klarer, wie weit im Gesundheitswesen die Schere auseinanderklafft zwischen den geweckten Erwartungen und den tatsächlichen Gegebenheiten.

Je mehr die beiden von den Informationsabenden und von den Gesprächen mit Eltern berichteten, die schon Erfahrung mit dieser Klinik hatten, desto mehr erinnerte mich das Auftreten des Krankenhauses an eine wohl durchdachte Verkaufsveranstaltung. Mir sind während meiner Arbeit in den vergangenen Jahrzehnten wiederholt Veränderungen in der Wirtschaft und bei Verhandlungen aufgefallen, die sich nun offenbar auch im Gesundheitswesen etablieren. Marketing und Vertrieb rücken auch in einem so auf den Menschen konzentrierten Bereich wie dem Gesundheitssektor immer mehr in den Vordergrund. Zwar wird oft mit explodierenden Kosten argumentiert, was regelmäßig für Schlagzeilen sorgt, aber unter dem Deckmantel dieser

Argumentation steht letztlich eben auch das Streben nach Gewinn – wenn nicht sogar der Gewinn Hauptgrund und Antrieb für manche Maßnahmen ist.

Es findet ein Wettkampf um jeden Patienten statt.

Informationsabende gibt es in dieser Klinik nicht nur für die Geburtshilfe, sondern für eine Vielzahl von absehbaren und planbaren Eingriffen und Behandlungen. Natürlich bieten diese Veranstaltungen eine Menge Informationen für Patienten und Angehörige, nehmen Ängste und Sorgen und geben Vertrauen in Behandlung und Verfahren, die Klinik und deren Mitarbeiter. Doch es ist auch ein Stück Werbung, Vertrieb und Verkauf, denn im Gesundheitswesen und auch im Krankenhaus geht es um Einnahmen, um Kosten und um Verlust oder Gewinn.

Die Kliniken stehen also teilweise schon lange vor der Aufnahme der Patienten im Wettbewerb. Die Spirale beginnt: Für die Kostenträger soll alles immer schneller und kostengünstiger gehen, bei für die Verwaltung gleichzeitig optimaler Auslastung, und zugleich soll es immer besser, angenehmer und komfortabler für den »Kunden« – in diesem Fall den Patienten – sein. Das führt dazu, dass der Patient zunächst den Eindruck haben muss, er habe es mit einer Art Sanatorium oder Wellness-Resort mit einem breitgefächerten Angebot an Möglichkeiten zu tun und nicht mit einer medizinischen Einrichtung, die auf Notfälle und die Erhaltung oder Wiederherstellung von Gesundheit spezialisiert ist.

Stefan und Heike schilderten beispielsweise die Angebote, die ihnen gemacht wurden: Wickelkurse, Rückbildungsgymnastik für Mütter, Kinderbetreuung, besondere Ernährungskurse sowie Vitaminpräparate und Nahrungsergänzung für Wöchnerinnen. Alle diese speziellen Angebote verursachen selbstverständlich

Kosten und gehen über die rein medizinische Versorgung hinaus, die besonders Heike sehr wichtig war.

Die Klinikbetreiber scheinen Wert darauf zu legen, eine solche Angebotspalette und Servicetiefe bieten zu können, mit dem Ziel, mehr Patienten zu gewinnen. Ein erhöhtes Patientenaufkommen bedeutet auf der einen Seite eine bessere Auslastung und damit mehr Umsatz. Daran wird in den zentralen Verwaltungen der Klinikeinrichtungen gemessen, ob die jeweiligen Häuser generell tragfähig sind. Auf der anderen Seite sind jedoch ausgebildetes Personal und spezielle Räume notwendig, um Ernährungskurse oder Rückbildungsgymnastik anbieten zu können. Das sind Einrichtungen, die eingerichtet, vorgehalten, unterhalten und letztlich bezahlt werden wollen. Und das entsprechende Personal wird benötigt, das natürlich auch bezahlt werden will.

Kliniken werden unter betriebswirtschaftlichen Kriterien gemanagt.

Eine dazu passende, kalkulatorisch vorgegebene Auslastung ist deshalb für Krankenhäuser mehr als notwendig – sie ist lebenswichtig. Nicht zuletzt deshalb werden Kliniken heutzutage unter betriebswirtschaftlichen Kriterien gemanagt. An vielen Stellen wirken bereits Betriebswirtschaftler, die sich bei ihren Entscheidungen nur bedingt von der Medizin und ihren Erfordernissen leiten lassen. Das fängt bereits im Facility-Management an, geht in der Pflege weiter und hört bei der Ärzteschaft noch nicht auf. Und wer rein betriebswirtschaftliche Maßstäbe in einem Klinikbetrieb ansetzt, kommt schnell zu dem Schluss, dass dort das Personal – wie in der freien Wirtschaft – ein hoher Kostenfaktor ist. Entlassungen und damit mehr Arbeit für weniger Personal sind die Folge. Ein Beispiel dafür beschrieb die *Frankfurter Rundschau* im August 2015 unter dem Titel »Sorge ums Patientenwohl«:

»Ein Verkauf der Orthopädischen Universitätsklinik Frankfurt wäre [...] keine Überraschung. Das 160-Betten-Haus arbeitet seit langem defizitär – schon als das Land es im Jahr 2007 übernahm und aus der Stiftung in die ›Orthopädische Universitätsklinik Friedrichsheim gGmbH‹ überleitete. In der Folge wurde [...] Personal abgebaut, um Kosten zu sparen.«[44] Weitere Synergieeffekte wurden diskutiert und auch geplant, konnten jedoch nie realisiert werden. Am Ende, und das war auch in Frankfurt von Anfang an abzusehen, sind bei unternehmerischen Schieflagen Kosteneinsparungen beim Personal zwar sicher notwendig, reichen in den allermeisten Fällen aber eben doch nicht aus.

Im Falle einer Klinik ist das besonders bitter. Hier leiden nicht nur die Mitarbeiter, sondern auch der hilfesuchende Mensch – und zwar von Anfang an und schleichend stärker werdend. Deshalb warnt eine Abgeordnete des Landtags mit Blick auf die Orthopädische Uniklinik Friedrichsheim auch mit den Worten: »Gesundheit ist keine Ware – Patientinnen und Patienten dürfen nicht zum Spielball der ökonomischen Interessen werden.«[45]

Denn weniger Pflegepersonal bedeutet nun mal, dass Patienten, also gerade Menschen, die krank oder besonders auf Hilfe angewiesen sind, öfter oder länger allein gelassen werden (müssen). Das war der Fall bei einer Frau, die Heike im Schwangerschaftskurs getroffen hatte: Sie musste vor allem in der Nacht nach dem Klingeln oft sehr lange auf die Schwester warten.

Lange Wege, wenig Personal und viele neue Patienten, und schon dehnt sich das Warten zur gefühlten Ewigkeit aus.

Derartige Auswirkungen werden bei der Forderung, einen Klinikbetrieb kostengünstiger zu gestalten, oft vergessen. Zumindest entsteht dieser Eindruck. Zugleich sind mit den Veränderungen im Krankenhauswesen neue Berufe entstanden, um die neuen Anforderungen fachgerecht zu behandeln, wie beispielsweise der des Krankenhausmanagers. Zu diesem speziellen Berufsbild gehören die Beschäftigung mit betriebswirtschaftlichen, ökonomischen, planungstechnischen und juristischen Belangen sowie Kompetenzen in Personalfragen, aber auch in der PR – und auch eine gewisse Kenntnis der Vorgänge in der Pflege und der Patientenbehandlung, also der Medizin, ist erforderlich.

An dieser Stelle soll jedoch nicht unerwähnt bleiben, dass auch die Krankenkassen ihren Teil dazu beigetragen haben, das Gesundheitswesen in die schädliche Spirale gewinnorientierten Denkens zu treiben, die letztlich zum Ausreizen des Systems führt. Die zunächst durchaus nachvollziehbaren Überlegungen, um explodierende Kosten in den Griff zu bekommen, führen zum Aufteilen, Kontrollieren, Neu-Einteilen und kostenorientierten Aufsplitten von Angeboten und zu Verhandlungsdruck. In der Folge werden zunehmend Therapien, Kurse und Programme gestrichen oder nur noch denjenigen angeboten, die nachweisbar darauf angewiesen sind und das wiederum durch andere Therapien, Kurse oder Bescheinigungen von Ärzten belegen können. Die Alternative besteht darin, dass die empfohlene Leistung selbst bezahlt wird. Diese kleinteilige Betrachtung der medizinischen Behandlung kann kuriose, aber auch fatale Folgen haben.

Krankenkassen regeln die Vergütung von Krankenhausleistungen.

Heike und Stefan sollten ebenfalls die Auswirkungen der Neuausrichtung des Krankenhauses zu spüren bekommen. Manchmal wird durch Veränderungen eben das Gegenteil von dem erreicht, was ursprünglich geplant war. Tatsächlich ergaben sich bei der Geburt ein paar Komplikationen, und der kleine Nils musste noch für einige Tage auf die Kinderintensivstation. Für eine junge Familie ist das eine Ausnahmesituation, in der wirklich alles reibungslos und ohne Sorgen ablaufen sollte. Heike und Stefan mussten jedoch feststellen, welche seltsamen Folgen die Art und Weise hat, mit der die Krankenkassen die Vergütung von Krankenhausleistungen mittlerweile regeln.

Eine der ersten gravierenden Auswirkungen war, dass Heike nach den ersten zehn Tagen nicht mehr als Patientin galt. Die Geburt war für Krankenkasse und Krankenhaus abgeschlossen und Heike wurde als gesund entlassen. Das ist bei einer Geburt ohne Komplikationen völlig in Ordnung, und in der Regel verlassen Mutter und Kind schon vor Ablauf dieser zehn Tage das Krankenhaus – wenn beide gesund sind.

Doch der kleine Nils musste aufgrund der eingetretenen Komplikation noch weiter auf der Kinderintensivstation bleiben. Für Heike war klar, dass sie ebenfalls im Krankenhaus bei ihrem Sohn blieb. Sie merkte recht schnell, dass sie nicht mehr als Patientin geführt wurde, sondern als Begleitperson. Die Situation wurde möglicherweise zusätzlich dadurch »verschärft«, dass Stefan – und damit auch Nils – privat versichert waren. Heike war jedoch Mitglied in einer gesetzlichen Krankenkasse. Auf jeden Fall bekam sie ab dem Moment, ab dem sie als Begleitperson galt, manche Leistungen nicht mehr oder nur noch sehr widerwillig und durfte an manchen Veranstaltungen nicht mehr teilnehmen.

So hatte sie vorher ein Einzelzimmer genießen können, musste jedoch nun in ein Mehrbettzimmer umziehen. Ebenso wurde ihr ein Eisenpräparat, das sie vorher ohne Schwierigkeiten vor den Mahlzeiten von einer Schwester erhalten hatte, gestrichen. Stefan besorgte das Präparat selbst in einer Apotheke und brachte es seiner Frau ins Krankenhaus. Das Präparat musste kühl gelagert werden und Heike bat darum, das Präparat im Kühlschrank des

Schwesternzimmers aufzubewahren. Das wurde zwar zunächst ermöglicht, doch da es Patienten aus verständlichen Gründen verboten ist, das Schwesternzimmer zu betreten, musste Heike jedes Mal die Krankenschwestern bitten, ihr das Präparat zu geben. Die Information über das im Kühlschrank gelagerte Eisenpräparat wurde jedoch bei den Schichtwechseln, die mehrmals am Tag stattfanden, aus verschiedenen Gründen (Arbeitsüberlastung?) nicht weitergereicht. Die Folge: Heike kam nicht mehr an ihr Präparat. Stefan und Heike waren also in der ersten Zeit mehrfach gezwungen, zu erklären, warum Heike das (selbstbezahlte) Präparat benötigte und wieso es nur beim Pflegepersonal aufbewahrt werden konnte.

Zeitdruck und Personalmangel beeinträchtigen den Informationsaustausch.

Enttäuschend war auch, dass Heike nun nicht mehr an der Rückbildungsgymnastik teilnehmen konnte. Als Patientin war sie regelmäßig in den Kurs gegangen, an manchen Tagen sogar als einzige Teilnehmerin. Mit dem Tag, ab dem sie nur noch als Begleitperson geführt wurde, änderte sich alles. Sie ging in den Kurs und durfte nicht teilnehmen. Die Teilnahme war nur Patientinnen gestattet, nicht aber Begleitpersonen. Und daran änderte auch der Hinweis nichts, dass Heike den Kurs sehr gerne privat bezahlt hätte. Vom Wellness-Urlaub zum Krankenhaus-Aufenthalt in nur wenigen Stunden! Sie sehen: Der Wurm zerfrisst den Apfel, der doch zunächst so verlockend aussah, mehr und mehr.

Diese Beispiele veranschaulichen, wie bürokratisch und rein betriebswirtschaftlich organisiert das System »Gesundheit« in Deutschland bereits ist. Das ist nicht nur im Bereich der Geburtshilfe, sondern auch in allen anderen Bereichen der Fall. Umso mehr Bedeutung gewinnt das Werben der Krankenhäuser und anderer medizinischen Einrichtungen sowie der Krankenkassen um »Patienten«, also Kunden, die Geld bringen. Eine besonders wichtige Rolle spielt dabei das Empfehlungsmarketing.

Auch im Gesundheitsbereich sorgt ein guter Ruf für mehr Kunden.

Die Rednerin und Buchautorin Anne Schüller hat sich auf Empfehlungsmarketing und das sogenannte Touchpoint-Management spezialisiert. Will ein Unternehmen, egal welcher Art, neue Kunden gewinnen, muss es nach Ansicht Schüllers für einen guten Ruf sorgen. In ihren Büchern beschreibt sie jedoch, dass sie regelmäßig beobachtet, dass Unternehmen sich nicht an diese eigentlich ja sehr einleuchtende Devise halten. Zwar wird in der Regel eingesehen, dass man sich positiv präsentieren sollte, um neue Kunden und damit überhaupt Umsatz zu generieren, doch sind neue Kunden erst einmal gewonnen, werden sie schnell vernachlässigt. Es wird wenig, manchmal sogar überhaupt nichts getan, um diese Neukunden »bei der Stange zu halten« und positive Erlebnisse fortzuführen und zu verstärken. Das führt dazu, dass negative Mundpropaganda die Runde macht. Diese Frustration der Kunden kann sich so weit steigern, dass sie Unternehmen zum Verhängnis wird. Unter Umständen kann der Wegfall von Kunden dann auch durch weitere Investitionen wie Infoveranstaltungen, Vergünstigungen für Neukunden oder hohe Willkommensprämien nicht mehr kompensiert werden.[46]

Die Erlebnisse von Stefan und Heike liefern ein konkretes Beispiel zu den von Anne Schüller allgemein formulierten Thesen: Auf den Informationsveranstaltungen versprachen die Krankenhäuser zunächst vieles, was sich hinterher jedoch nicht halten ließ. Das Resultat war schlechte Mundpropaganda, etwa durch das, was Stefan mir erzählte, oder auch durch die Geschichten, die in Heikes Schwangerschaftskurs kursieren. So grub sich die Klinik gewissermaßen selbst das Wasser ab und machte sich unglaubwürdig. Im Gesundheitswesen hat das oft besonders gravierende Folgen, denn hier geht es um das wertvollste Gut des Menschen: die eigene Gesundheit.

Krankenhäuser wissen nicht mehr, wie sie die Kosten decken sollen.

Ob gewinnorientiertes Denken gerade im Gesundheitsbereich wirklich der richtige Weg ist, muss infrage gestellt werden. Kostendeckend zu arbeiten ist sicher sinnvoll, aber gerade in diesem Bereich ist das oft sehr schwierig. Die Auswirkungen, die es haben kann, wenn so ein heikles Gut wie die menschliche Gesundheit nach rein betriebswirtschaftlichen Kriterien beurteilt wird, sind manchmal fatal. So berichtete die *Welt* Ende 2014 von Ärzten, die der Ansicht sind, dass sie in Kliniken nicht mehr sinnvoll – was in diesem Fall bedeutet: im Sinne der Patienten – arbeiten können, da die Krankenhäuser verzweifelte Maßnahmen ergreifen, um möglichst kostendeckend zu arbeiten, wie es der betriebswirtschaftliche Ansatz verlangt. Es werden etwa häufig Operationen angesetzt, die eigentlich nicht nötig wären. Die OPs können nämlich von den Kliniken höher abgerechnet werden. Die Folge: Nirgendwo wird so viel operiert wie in Deutschland. Die Medizin, die sich per Definition um den Menschen drehen sollte, entfernt sich zunehmend von ihm. Der Artikel bringt das auf den Punkt: »Gesundheit hat sich in eine Ware verwandelt, wie Schuhe oder Autos, in ein Geschäft, in dem es um Betriebswirtschaft geht. […] Mit wem man auch spricht, Pflegern, Ärzten, Funktionären von Medizinerverbänden und Krankenkassen – alle sind sich einig, dass es so nicht mehr weitergehen kann. Dass es schon lange nicht mehr darum geht, was das Beste für den Patienten ist.«[47]

Ein Ansatz wie der von Anne Schüller richtet sich zwar vor allem an Unternehmen, die Kunden gewinnen und binden wollen, könnte aber dennoch auch im Gesundheitsbereich einen gangbaren Weg darstellen.

Touchpoint-Experten wie Anne Schüller plädieren daher für ein genaues Touchpoint-Management[48], das alle Berührungspunkte eines Unternehmens mit dem Kunden analysiert und im Sinne eines Loyalitätsmarketings ausbaut – um zu vermeiden, dass nachlässiges Verhalten dem Kunden gegenüber das zerstört, was man an Kosten welcher Art auch immer für die Neugewinnung genau dieses Kunden eingesetzt hat.

Für Heike, Stefan und die Klinik bedeutet dies ganz einfach: Hätte die Informationsveranstaltung wirklich erfolgreich sein sollen, hätte die Klinik bei jedem Kontakt mit Heike, Stefan und dem Baby das halten müssen, was sie an dem Abend versprochen hat.

Stattdessen setzt sich jedoch eine Einteilung der Patienten in »Kunden« verschiedener (Risiko-)Gruppen und Klassen zunehmend durch. Besonders die Krankenkassen tun sich darin hervor im Rahmen ihrer Bemühungen, die Kostenexplosion im Gesundheitswesen in den Griff zu bekommen. Dass diese Sicht auf die Patienten ein individuelles Eingehen auf die Krankheitsursachen und den jeweiligen Menschen erschwert, liegt auf der Hand.

Zugleich zeichnet sich ein weiterer Trend ab: Der Gesundheitsmarkt hat sich im Laufe der letzten Jahre zunehmend »professionalisiert«. Das äußert sich unter anderem in der steigenden Präsenz von Gesundheitsthemen in den sozialen Medien. Zudem sind immer mehr »Apps für die Gesundheit« erhältlich. Sie lassen sich auf dem Computer, Tablet oder Smartphone herunterladen, und sie suggerieren, besonders individuell auf gesundheitliche Probleme oder Risiken einzugehen. Es wird der Puls, die Atmung, der Blutdruck gemessen, mit Informationen wie Gewicht, Größe, Lebens- und Essgewohnheiten kombiniert, um so ein angeblich genaues Bild der Gesundheit des potenziellen Patienten zu erstellen.

Die Zahl der Menschen wächst, die diese Werte in Erfahrung bringen möchten – eher nicht für die Krankenkassen, sondern vielmehr für sich selbst. In manchen Büros ist aus dem Vergleich der Vitalwerte ein wahrer Wettkampf entstanden. Unbesorgt werden dabei diese persönlichen Daten preisgegeben. Zugleich erfolgt durch die Apps immer seltener eine tatsächlich individuelle, fachliche Analyse dieser Werte und eine damit verbundene Beratung. »Im Zweifel frag Dr. Online!«, scheint das neue Motto zu sein. Wozu soll noch ein fachlich kompetenter Experte aufgesucht werden, wenn das Internet schnelle, bequeme und zeitsparende Lösungen verspricht? Das steht jedoch im Gegensatz dazu, dass zugleich nach einer Full-Service-Behandlung verlangt wird, sobald professionelle Hilfe doch nötig wird. Auch hier öffnet sich eine Schere.

»Dr. Online« versus Full-Service-Behandlung – zwei widersprüchliche Trends.

Natürlich lassen sich die heutigen technischen Möglichkeiten sinnvoll einsetzen, und sie können in vielen Bereichen eine Hilfe sein. Doch die Technik darf den Faktor Mensch nicht verdrängen. Gerade bei den Überlegungen zu Gesundheitsfragen sollte man dies nicht außer Acht lassen. Keine App kann eine individuelle medizinische Behandlung von Mensch zu Mensch ersetzen.

Das Sammeln und Auswerten von Daten, beispielsweise durch Apps, ist aber auch aus anderen Gründen problematisch, denn natürlich sind diese persönlichen Daten aus wirtschaftlichen Gründen von großem Interesse. Vor allem die privaten Krankenversicherungen verlangen und erstellen mehr und mehr Profile ihrer Kunden nach allgemeinen Kriterien wie Gewicht, Lebensgewohnheiten oder Puls. Durch die Profile wird die Prämie, die der Versicherte zu zahlen hat, ermittelt. Scharf formuliert: Der Wert des Patienten wird berechnet.

Währenddessen laufen die Kosten im Gesundheitswesen zunehmend aus dem Ruder, und zwar auch deshalb, weil immer kleinteiliger eingeteilt und damit das große Ganze – der Patient selbst – aus dem Auge verloren wird. Auf den ersten Blick scheint das positiv für die Kassen zu sein: Jede Kleinigkeit kann extra berechnet, analysiert und in Beziehung zu anderen Werten, anderen Patienten und Vergleichsgruppen gestellt werden. In Summe allerdings kann dies durchaus zu einer der Ursachen der Kostenexplosion zählen.

Grund dafür ist der immense Aufwand, der nötig ist, um eine solche kleinteilige Abrechnungspraxis zu bewältigen. Die Bearbeitung, Analyse und Berechnung von unzähligen Patientendaten erfordert den Einsatz von Technik. Vergleichbar ist das mit der Art, wie bereits heute Autoversicherer ihre Klienten einteilen: Es werden Punkte für Fahrweise und Fahrprofil vergeben. Die gesammelten Daten fließen in einen Punkteschlüssel ein, der dann schließlich den Versicherungstarif ergibt: Je geringer das Risiko, zum Beispiel bei Kurzstrecken-Fahrern oder solchen mit Garagenparkplatz, desto weniger Punkte und desto niedriger der Tarif.

Etliche Fachleute aus unterschiedlichen Richtungen und auch Politiker befürworten seit über einem Jahrzehnt die elektronische Kommunikation im Gesundheitswesen. Der Schlüssel dafür sollte die Gesundheitskarte mit Chip sein. Noch immer jedoch funktionieren die Karte und die dazu gehörige IT-Infrastruktur nicht reibungslos. Die *FAZ* griff dieses Thema auf und schrieb: »Zehn Jahre später [seit Einführung der Karte] funktioniert gemessen an den Ansprüchen wenig. Eine Milliarde Euro sind ausgegeben, der fünfte Geschäftsführer, der vierte Minister müht sich mit dem Thema ab. Während sich die Maschinenbauer darauf vorbereiten, dass ihre Anlagen mit Hilfe des Internets untereinander kommunizieren – sie nennen das Industrie 4.0 –, steht die Gesundheitswirtschaft informationstechnisch ganz am Anfang: Gesundheit 1.0.«[49] Das sind Kosten, die das Gesundheitswesen belasten und den Patienten nicht helfen.

Die Analyse der Patientendaten soll beim Sparen helfen, doch der Aufwand verursacht immense Kosten.

Ein weiteres Beispiel veranschaulicht, wie sich die Kostenspirale im Gesundheitswesen immer weiter dreht. Durch ein großes soziales Medium bin ich auf die Werbung einer Zahnarztpraxis aufmerksam geworden, die auf ihre kostengünstigen Implantate verwies. Wie bereits erwähnt, wurden in den letzten Jahren die gesetzlichen Regelungen für Arztwerbung zunehmend gelockert. Der Wettbewerb ist also auch bei den Ärzten angekommen. Im Falle der Zahnarztpraxen wird der Konkurrenzkampf sogar noch härter, denn zum einen geht die Anzahl der gesetzten Implantate derzeit eher zurück, und gleichzeitig werben Zahnärzte aus dem Ausland mit »günstigem Zahnersatz im Urlaub« um deutsche Patienten.

Die Krankenkassen sehen diesen Wettbewerb positiv und fordern ihre Patienten zum Teil sogar aktiv auf, mehrere Vergleichsangebote einzuholen. Da ist es verständlich, dass sich deutsche Zahnärzte diesem Wettbewerb stellen und ebenfalls aktiv Werbung machen.

Das erscheint zunächst ungewöhnlich, denn früher war der Arztberuf nicht nur mit hohem Prestige, sondern durchaus auch mit hohem Einkommen verbunden. Heutzutage sinkt beides drastisch. Es wird besonders für Landärzte immer schwieriger, eine selbstständige Praxis zu unterhalten, die sich trägt. Die allgemeinen Probleme, die mit der Selbstständigkeit einhergehen können, habe ich bereits im vorhergehenden Kapitel beschrieben, aber für Ärzte, die sich für eine eigene Praxis entscheiden, verschärft sich die Situation durch die kleinteiligen Abrechnungsmodalitäten der Krankenkassen noch zusätzlich.

Ärzte müssen besonders darauf achten, was sie verschreiben und auf welche Art sie das tun. Grund ist das zur Verfügung stehende Budget, das auch den operativen Praxisbetrieb einbezieht. Häufig müssen deshalb gerade Patienten, die gesetzlich und nicht privat versichert sind, sehr lange Wartezeiten von mehreren Monaten auf sich nehmen. Bei Fachärzten kommen oft noch Notfälle hinzu, weshalb gerade dort die Wartezeiten besonders lang sind. Welche absurden Züge das annehmen kann, ist besonders in den gynäkologischen oder orthopädischen Bereichen zu sehen: Nicht selten wird einem auch bei einem akuten Bänderriss nahegelegt, erst in ein paar Tagen zu kommen, weil kurzfristig kein Termin mehr frei sei.

Teilweise kommt es sogar dazu, dass Ärzte im letzten Monatsdrittel die Praxen kurzerhand schließen. Sie bekommen nur eine bestimmte Anzahl von Behandlungen und Therapien pro Quartal vergütet. Ist dieses »Budget« verbraucht, würden sie weitere Behandlungen im laufenden Quartal »kostenlos« leisten. Der Betrieb würde aber dennoch Kosten verursachen, was in einem solchen Fall den Gewinn schmälert. Die Praxis daher einfach zu schließen, scheint die logische Konsequenz zu sein – zum Leidwesen der Patienten.

Auch der Unterschied zwischen Allgemeinmedizinern und Fachärzten im Bereich der Verdienstmöglichkeiten sollte in seiner Bedeutung nicht unterschätzt werden. Da spezielle, meist apparateintensive – und damit investitionskostenintensive – Behandlungsmethoden auch von den gesetzlichen Krankenkassen gut bezahlt werden, entscheiden sich in den letzten Jahren immer weniger Medizinstudenten dafür, Allgemeinärzte beziehungsweise Internisten zu werden, und spezialisieren sich stattdessen immer weiter.

Besonders fatale Folgen haben die gängigen Abrechnungsmodalitäten für die Ärzte in ländlichen Gegenden, die häufig Allgemeinmediziner sind.[50] Gerade hier sind die Patienten oft älter und wohnen nicht in der Nähe der Praxis, wie es im urbanen Raum der Fall ist. Lange Anfahrten zu Hausbesuchen sind keine Ausnahmen und führen zur Überschreitung des von der Kasse festgelegten Zeitkontingents. Nicht selten kommt es vor, dass Therapien, die in den Augen des Arztes den Patienten heilen oder ihm zumindest helfen könnten, nicht verschrieben werden dürfen beziehungsweise können.

Das Korsett dieser und ähnlicher Regelungen der Kassen ist eng. Der demografische Wandel wird in den nächsten Jahren dazu führen, dass die Schere zwischen dem Bedarf an medizinischer Versorgung und der Zahl der zur Verfügung stehenden Landärzte immer weiter auseinandergeht. Ist damit die flächendeckende ärztliche Versorgung ausgereizt? Bricht die medizinische Versorgung auf dem Lande unter diesen Belastungen zusammen?

Das Ausland lockt junge, deutsche Ärzte.

Viele der jungen, deutschen Ärzte wandern auch vor diesem Hintergrund ins Ausland ab, und zwar in so großer Zahl, dass weite Landstriche in Deutschland (Brandenburg, Eifel, Thüringen) einen massiven Ärztemangel beklagen und sich nunmehr nach Ärzten aus dem Ausland umsehen.[51] Auf den ersten Blick hat das viele Vorteile: Gut ausgebildete Ärzte, besonders aus dem osteuropäischen Raum, sind zunächst einmal günstiger. In einem großen Krankenhaus in Süddeutschland konnte eine Oberarztstelle lange nicht besetzt werden. Es meldete sich niemand aus der Gegend, so wurde schließlich ein Arzt aus Indien für diese Stelle verpflichtet.

So wie es aussieht, gehen junge deutsche Mediziner ins Ausland und Deutschland holt seine Ärzte aus dem Ausland! Werden Ärzte bald zum Handelsgut, das teuer ins Ausland exportiert und billig re-importiert wird?

Bei Debatten ums Geld geraten Fürsorge und Pflege in den Hintergrund.

Bei der Besetzung von Stellen wird das Thema Geld also immer wichtiger – doch auch die Patienten werden zunehmend unter finanziellen Gesichtspunkten betrachtet. Im Kampf ums Geld rücken die Privatpatienten vermehrt in den Fokus. Sie sind ein ganz entscheidender Faktor im Gesundheitssystem. Ohne sie, ohne ihre finanziellen Ausgaben, würden Löcher entstehen, die in der gesamten gesundheitlichen Versorgung zu spüren wären. Nur mit ihnen lassen sich im Gesundheitswesen noch Einnahmen erzielen, die auch in den Augen der Betriebswirtschaftler akzeptabel sind. Viele Krankheiten und die daraus resultierenden Behandlungen sind bei Privatpatienten allerdings die gleichen wie bei den gesetzlich Krankenversicherten. Erhebliche Unterschiede gibt es jedoch bei der Kostenrechnung. Besonders deutlich wurde das beim kleinen Nils.

Nils kam direkt nach seiner Geburt auf die Kinderintensivstation. Dort stand sein kleines Wärmebettchen direkt neben dem eines fast zur gleichen Zeit geborenen Mädchens. Beide waren angeschlossen an einen Monitor und ein paar andere Apparate. Rund um die Uhr waren die Schwestern für die beiden und für bis zu vier weitere Babys in diesem Raum da. Nils erhielt während dieser Zeit die gleiche Aufmerksamkeit und Behandlung wie seine direkte Bettnachbarin. Nicht schlechter, jedoch auch nicht besser. Den einzigen Unterschied dürfte Stefan bemerkt haben, beim Bezahlen an der Kasse. Ihm wurde für die Behandlung von Nils mehr berechnet, als für die gleiche Behandlung der Bettnachbarin angesetzt wurde. Bei gleichem medizinischen und personellen Aufwand kann es doch gar nicht anders sein: Die Klinik hat am privatversicherten Nils mehr verdient!

Dieser Aspekt wird in der allgemeinen, teilweise sehr emotional geführten Diskussion oft unter den Tisch gekehrt oder einfach negiert. Schnell stehen »die Privaten«, also die bei einer privaten Krankenkasse Versicherten, in der Kritik. Vorzugsbehandlung, bessere Leistungen, schnellere Termine, schönere Zimmer und was nicht alles vorgebracht wird. Doch häufig wird übersehen, dass gerade die Privaten mit den für die Kliniken und Ärzte höheren Erträgen dafür sorgen, dass die Defizite der Kliniken und die Belastungen für die gesetzlichen Krankenkassen nicht noch größer ausfallen – Defizite und Belastungen, die sonst die Allgemeinheit über weitere Steuerzuschüsse ausgleichen müsste. Zusätzlich zu ihren Beiträgen haben die 8,8 Millionen privat Krankenversicherten die gesetzliche Krankenversicherung (GKV) von 2004 bis 2015 indirekt mit mindestens zehn Milliarden Euro unterstützt. Allein 2015 waren es 1,25 Milliarden Euro, die zugunsten der GKV von Privatversicherten aufgebracht wurden. Denn die Steuerzuschüsse für die Krankenkassen stammen auch aus Steuergeldern Privatversicherter.[52]

Bei den Debatten ums Geld gerät der, der Hilfe, Fürsorge und Pflege benötigt, scheinbar in den Hintergrund. Der Patient und damit der Mensch wird Mittel zum Zweck.

Die Gesundheit wird zur Ware – oder zum Preis, der gezahlt wird.

Das Thema Gesundheit lässt sich aber auch von einer ganz anderen Seite aus betrachten: Von der Geburt bis zum Tod nimmt die Gesundheit maßgeblichen Einfluss auf unser Schicksal. Doch solange wir vital und fit sind, berührt uns dieses Thema kaum. Wir konzentrieren uns auf andere Dinge wie Freizeit, Spaß oder die Sicherung unseres Wohlstandes. Auch unsere Arbeitskraft und unser Beruf sind uns wichtig. Dass Arbeit aber auch krank machen kann, ist hinlänglich bekannt. Bei körperlich schwer arbeitenden Menschen leiden Gelenke und Knochen im Laufe der Jahre unter der Belastung. Trotz vieler Erleichterungen, zum Beispiel durch Maschinen, weisen Berufsgruppen wie Steinsetzer, Fliesenleger, Stahlarbeiter oder auch das Pflegepersonal im Gesundheitsbereich typische Krankheitsbilder auf. In den letzten Jahrzehnten sind neue Erkrankungen von anderen Berufsgruppen dazu gekommen, bedingt unter anderem durch Arbeiten am Schreibtisch in Verbindung mit dem Computer: Wirbelsäulenschädigungen, Augenleiden oder gar Dauerkopfschmerzen. Immer wieder berichten die Medien über »Volkskrankheiten«. In den letzten Jahren häufen sich auch die Berichte über das »Ausbrennen« (Burn-out), Schwächeanfälle sowie Herzinfarkte. Sicherlich hat es diese Krankheiten auch zu anderen Zeiten gegeben, nur sind sie nicht in dem Maße öffentlich vor allem in Verbindung mit Führungskräften oder leitenden Angestellten diskutiert worden.

Die traurige Geschichte eines guten Freundes brachte mich dazu, über den Zusammenhang von Karrieredruck, persönlichem Ehrgeiz und Erwartungshaltungen eines Arbeitgebers zu reflektieren. Ich kenne Karl, einen Bäckermeister im Ruhestand, der ein paar Straßen weiter von mir wohnt, schon seit Jahren. Er war ein hart arbeitender Mann, der schon um 2 Uhr in der Nacht aufstand, um Brot und Brötchen zu backen. Er hatte einen Sohn, Jörg, auf den er sehr stolz war. Für ihn legte er sich buchstäblich krumm. Er wollte, dass Jörg studieren und einen anderen Beruf ergreifen konnte. Jörg wurde deshalb auf ein Internat geschickt. Dort hatte Jörg viele Freunde, die ihn an den Wochenenden manchmal zu Hause besuchten.

Doch statt zu studieren entschloss sich Jörg nach dem Abitur dazu, eine Banklehre zu absolvieren. Schnell erkannte man bei der Bank sein Talent und sein Interesse für Wertpapiere. Die Bankfiliale förderte das und schickte ihn nach Abschluss der Lehre zur Zentrale nach Frankfurt. Der Grundstein für eine sagenhafte Karriere war gelegt. Von Jörgs Vater hörte ich nur: »Jetzt ist er an der Deutschen Börse«, dann, ein amerikanisches Geldinstitut habe ihn für den Finanzmarkt London verpflichtet, anschließend ging es nach New York und schließlich nach Singapur. Jörg stieg weiter auf, kam wieder nach Frankfurt, blieb dort eine Zeit lang, und dann ging es wieder für einen internationalen Investor nach London. Jörg verdiente so viel Geld, dass er an einer der besten Adressen in der Londoner Innenstadt eine große Wohnung kaufen konnte. Sein Vater war beeindruckt. Er erzählte mir davon, nachdem er dort zu Besuch gewesen war. Und doch hatte der Vater auch Bedenken. Würde sich Jörgs Lebensstil, das hohe Tempo, die ständige Bereitschaft und der wenige Schlaf nicht irgendwann negativ auswirken? Karl beschrieb, dass über dem Bett von Jörg sechs Fernseher hingen, die alle wichtigen Finanzplätze der Welt zeigten. Wenn in Tokio die Börse eröffnet, sei sein Sohn schon wach, und mit dem Schluss am Finanzplatz New York sei noch lange nicht Feierabend.

Erfolg um jeden Preis wird zur Pflicht.

Kürzlich traf ich Karl wieder. Er war ganz in Schwarz gekleidet und von Kummer gebeugt. Sein Sohn war überraschend verstorben, wie es heißt, an Herzversagen. Er wurde 53 Jahre alt. Als Karl mir von der Beerdigung berichtete, tat sich die besondere

Tragik dieser Geschichte auf: Von Jörgs 18 Internatsfreunden, die alle etwas jünger waren als er, leben nur noch zwölf. Zwei waren bei Unfällen ums Leben gekommen, die anderen aber durch Herz-Kreislauf-Erkrankungen. Sie alle waren erfolgreiche Manager oder Firmeninhaber gewesen. Doch was für einen Preis haben sie bezahlt für den Erfolg? Das, was sie geschaffen und erreicht hatten, konnten sie nicht genießen. Karl resümierte: »Ihnen wurde auf dem Internat beigebracht, dass es ihre Pflicht ist, Erfolg zu haben.« Dieser Wettlauf um den Erfolg hat seinen Tribut gefordert.

Nun sind das Einzelschicksale, und man kann sie vielleicht nicht verallgemeinern. Doch sie passen in das Bild, das die Medien oft vermitteln. Bringt uns dieser Erwartungsdruck, das Streben nach maximaler Leistung an ein Limit? Zahlen wir dafür mit unserer Gesundheit? Es hat den Anschein, dass sich auch hier eine Schere öffnet: Auf der einen Seite wird der wirtschaftliche Erfolg mit allen Mitteln, neuesten Techniken, verfeinerten Methoden und so weiter angestrebt, gar erzwungen – er ist »Pflicht« –, auf der anderen Seite erkranken Menschen auf unterschiedliche Weise nachweisbar durch die Arbeit und belasten dadurch das Gesundheitssystem. Geht hier in Summe die Rechnung nicht mehr auf? In Vorträgen, Berichten und Büchern wird dazu geraten, ein ausgewogenes Verhältnis von Arbeit und Erholung zu finden. In Unternehmen werden Programme aufgestellt, um die Gesundheit der Mitarbeiter zu fördern. Regelmäßig gibt es Tipps, wie man Stress, Überlastung und Druck vorbeugen kann. Doch bringen all diese Ratschläge wenig, wenn das wichtigste Gut im Leben, die Gesundheit, von der Wiege bis zur Bahre nur noch anhand von Zahlen bewertet wird.

Zur Kasse bitte! – Die Profitgier der Banken

Anfang der Achtzigerjahre, lange bevor ich mich selbstständig machte, begann ich eine Ausbildung zum Bankkaufmann. Bankdirektoren – oder überhaupt Bankmitarbeiter – waren damals noch sehr angesehen in der Gesellschaft. Ich erinnere mich an zwei Kunden meines Vaters, beide waren Vorstandsmitglieder, jeweils bei einer regionalen Volksbank. Wenn die Herren in ihren schweren Limousinen von Mercedes und Opel vorfuhren und dann zur Tür hereinkamen, stand ich als Kind zwar nicht unbedingt stramm, doch die »Herren Direktoren« waren eindeutig Respektspersonen: immer ordentlich gekleidet, immer mit Anzug, Krawatte und Hemd, stets höflich, ausnahmslos freundlich, doch immer einen gewissen Status verkörpernd. Und so begegnete man ihnen mit Achtung. Neben Arzt, Richter oder Professor war auch Bankkaufmann ein Beruf, der bis in die späten Achtzigerjahre hinein als durchaus erstrebenswert galt. Wer bei einer Bank arbeitete, also etwa bei einer Sparkasse oder sogar bei der Deutschen Bank angestellt war, der genoss in der Bevölkerung ein hohes Ansehen.

Der »Herr Direktor« einer Bank war früher eine Respektsperson.

Heute hat sich das gravierend geändert. Den Zeitpunkt, an dem dieser Beruf sein Ansehen verlor, kann sogar recht genau bestimmt werden: Es war nach der großen Finanzkrise, die heute als Teil der letzten Weltwirtschaftskrise gilt. Sie begann am 9. August 2007. Das war der Tag, an dem die Interbankfinanzkredite infolge der jahrelang gewachsenen und dann auf einmal geplatzten Immobilienblase in den USA sprunghaft anstiegen. Etwa ein Jahr später brach die US-Großbank Lehman Brothers an der Wall Street in New York zusammen. Die Finanzkrise veranlasste mehrere Staaten dazu, große Finanzdienstleister wie Banken oder Versicherungen durch enorme staatliche Mittel buchstäblich am Leben zu erhalten.

Es war der Startschuss, der Auftakt zu einem einmaligen Verfall des Ansehens eines ganzen Berufsstands in der Bevölkerung. Als dieses Erdbeben die Finanzwelt erschütterte, war ich bereits als selbstständiger Unternehmensberater und Trainer tätig. Teilnehmer meiner Seminare sind immer wieder auch Führungskräfte einer großen deutschen Bank. Mir fiel schon damals auf, dass sie ungern über ihren Beruf sprachen, ganz im Gegensatz zu mir. Auch wenn ich letztendlich einen anderen Berufsweg gewählt habe, stehe ich zu meiner Ausbildung zum Bankkaufmann und erwähne das auch. Behutsames Nachfragen brachte häufig ans Licht, dass sich die zurückhaltenden Kursteilnehmer dagegen für ihren Beruf schämten. Manche berichteten gar, in ihrem Bekanntenkreis sei das Wort »Banker« sogar schon ein Schimpfwort. Eine Zeitlang kam ich mir bei meinen internen Seminaren für Banken sogar mehr wie ein Sozialarbeiter vor, denn wie ein Führungskräftetrainer.

Auch wenn ein so negatives Urteil über Angehörige einer Branche im individuellen Fall meist völlig unberechtigt ist, ist die schlechte Meinung über Banker im Allgemeinen doch nachvollziehbar. In der Bevölkerung gibt man in der Regel den Banken die Schuld am Verlust von Ersparnissen bei Lebensversicherungen und Aktiendepots. Das Verhalten der Banken hatte Auswirkungen auf die Gesamtwirtschaft, die Politik und sogar die Gesellschaft, einige der Nachwirkungen sind bis heute zu spüren. So schrieb *Spiegel Online* noch im Jahr 2014: »202 Millionen Menschen waren im vergangenen Jahr weltweit ohne Job – fünf Millionen mehr als noch 2012. Laut einer Uno-Studie erholt sich die Wirtschaft zu langsam von den Folgen der Finanzkrise. Besonders betroffen sind demnach Jugendliche.«[53] Im gleichen Jahr räumte die Organisation für wirtschaftliche Zusammenarbeit und Entwicklung (OECD) ein, dass man die Auswirkungen der Finanzkrise unterschätzt habe. Durchschnittlich blieb das Wirtschaftswachstum in den von der OECD beobachteten Ländern um 1,4 Prozentpunkte hinter den Prognosen zurück. Auch der für 2010 bis 2012 angekündigte Konjunkturaufschwung blieb aus.[54]

Mein Vater war damals in den Achtzigern recht stolz, wenn er erzählte, dass »sein Junge« bei einer Bank eine Ausbildung macht. Die Zeiten haben sich geändert. Eine Forsa-Umfrage stellte vor einiger Zeit fest, dass Bankangestellte in den sieben Jahren von 2007 bis 2014 um drei Punkte im Ansehen der Bevölkerung gesunken sind. Damit rangiert der Banker noch hinter Berufen wie Justizvollzugsbeamter oder EDV-Sachbearbeiter, sogar weit hinter Dachdecker und Lokführer, die auf dieser Liste relativ weit oben stehen.[55]

Nach der Bankenkrise war »Banker« fast schon ein Schimpfwort.

Ein Bankangestellter steht nur knapp besser da als ein Steuerbeamter oder ein Politiker – alle drei Berufe befinden sich im unteren Drittel des 32-stufigen Rankings. Soziale Berufe, die dem Gemeinwesen dienen, konnten sich dagegen um fünf Ränge verbessern, darunter waren Berufe wie Alten- oder Krankenpfleger, Feuerwehrmann, Erzieher oder auch Müllmann. Die Frage ist, ob es da einen Zusammenhang gibt: Wird »Bankern« jeglicher Sinn fürs Gemeinwesen abgesprochen, ähnlich, wie es bei Steuerbeamten oder Politikern der Fall ist?[56]

Berufsgruppe	Hohes Ansehen in der Bevölkerung (Anteil in %)		Veränderung 2007 – 2014
	2007	2014	
Feuerwehrmann	90	95	+ 5
Kranken-/Altenpfleger	85	90	+ 5
Arzt	86	89	+ 3
Polizist	78	84	+ 6
Kita-/Kindergartenmitarbeiter		83	
Richter	77	81	+ 4
Pilot		78	
Müllmann	63	78	+ 15
Hochschulprofessor		74	
Lehrer	63	72	+ 9
Techniker		69	
Lokführer		69	
Dachdecker	58	67	+ 9
Briefträger	52	63	+ 9
Lebensmittelkontrolleur		63	
Soldat		62	

Justizvollzugsbeamter		60	
Anwalt	58	59	+ 1
Unternehmer	61	58	– 3
Studienrat	53	52	– 1
Journalist	47	49	+ 2
Steuerberater	47	44	– 3
EDV-Sachbearbeiter	43	40	– 3
Beamter	27	38	+ 11
Bankangestellter	38	35	– 3
Steuerbeamter	28	35	+ 7
Manager	37	32	– 5
Gewerkschaftsfunktionär	23	31	+ 8
Politiker	20	21	+ 1
Mitarbeiter einer Telefongesellschaft*	17	18	+ 1
Mitarbeiter einer Werbeagentur	18	16	– 2
Versicherungsvertreter	11	12	+ 1

* bis 2011: Telekom-Mitarbeiter

Basierend auf Daten/Grafik: Forsa/dbb Beamtenbund, »Bürgerbefragung öffentlicher Dienst 2014«

Wenn ich heute auf die Tage meiner Ausbildungszeit zurückblicke, war das Bankgeschäft damals tatsächlich ein ganz anderes als heute. Es war individuell und konzentrierte sich auf den Kunden vor Ort. Der Computer wurde noch »Terminal« genannt und gab nur Zugriff auf bankinterne Daten. Briefe wurden mit der Schreibmaschine geschrieben und »das Geld« wurde auf Papier, in Konten- und Sparbüchern geführt, viele Kunden brachten »ihr

Erspartes« auch noch in Form von Münzen und Geldscheinen persönlich vorbei. Geld wurde verschickt, Schecks und Wechsel wurden ausgestellt und von Boten ein- oder mehrmals täglich zu den Zentralbanken gebracht. Dort wurden sie bearbeitet, weitergeleitet oder eingelöst. Geldscheine selbst sind in unglaublichen Mengen per Sicherheitsdienst ebenfalls versandt und geliefert worden. Geld war in Form von Banknoten, Devisen, Wertpapieren, Schecks und Wechseln ständig physisch unterwegs. Selbst Aktienpapiere gab es noch wirklich auf Papier. Das alles musste gezählt, verwaltet, eingezahlt und ausgezahlt werden.

Bankgeschäfte haben sich in den letzten 40 Jahren stark verändert.

Heute kann man sich diese Art Geldverkehr kaum noch vorstellen. Oft sind Banken gar nicht mehr in der Lage, so ohne Weiteres Geld zu wechseln. Das klingt im ersten Moment unglaublich – sollten nicht Bankfilialen bei allen Fragen ums Geld die erste Anlaufstelle sein? –, doch neulich erst habe ich wieder erlebt, das sich hier offenbar einiges geändert hat. Für eines meiner Seminare wollte ich Unterlagen ausdrucken lassen. Ich mache das in der Regel nicht selbst, sondern versende die Daten an einen Copy-Shop, mit dem ich oft zusammenarbeite. Die Kopien bezahle ich dann, wenn ich sie später dort abhole. Als ich dieses Mal dort ankam, stellte sich jedoch heraus, dass meine Copy-Card nicht mehr genügend Guthaben hatte. Kein Problem, dachte ich mir, und wollte die 250 Euro mit meiner EC-Karte bezahlen. Diese funktionierte jedoch nicht, offenbar war der Magnetstreifen beschädigt. Alternativ bot ich meine Kreditkarten an, die der Copy-Shop aber leider nicht akzeptierte. Also zog ich meinen 500-Euro-Reserveschein hervor, den ich immer »für alle Fälle« dabei habe. Doch auch damit konnte ich nicht bezahlen.

Es war einfach nicht genug Wechselgeld in der Kasse. Mein Vorschlag, auf Rechnung zu bezahlen, wurde von der Mitarbeiterin abgelehnt.

Schon leicht verärgert musste ich jetzt versuchen, an Bargeld zu kommen. Eigentlich wäre das einfach gewesen, da im Innenstadtbereich ja überall Geldautomaten positioniert sind – aber ohne funktionsfähige EC-Karte schied diese Option aus. Die nächste Bankfiliale gehörte zur Sparda-Bank. Dort würde man mir meinen 500-Euro-Schein bestimmt wechseln, dachte ich. Doch das war in dieser Filiale nicht möglich: Es gab keinen Kassenschalter mehr, keinen Kassierer, kein Bargeld. Für Ein- und Auszahlungen gab es ausschließlich Automaten. Um den Schein zu wechseln, hätte ich ihn also zunächst am Automaten einzahlen müssen, um anschließend wieder Bargeld abzuheben. Dazu braucht es jedoch zwei weitere Kleinigkeiten: erstens ein Kundenkonto bei der Sparda-Bank, das ich natürlich nicht besaß, und zweitens – eine funktionsfähige EC-Karte.

Also machte ich mich auf den Weg zu meiner Hausbank etliche Straßen weiter, wo mir das Geld aufgrund meines guten Namens ausgezahlt wurde. Bei dieser Gelegenheit beantragte ich gleich eine neue EC-Karte, und den 500-Euro-Schein verstaute ich wieder an seinem Platz. Dieser alltägliche Vorfall zeigt, wie sehr sich das »Banking« und die Einstellung zum Bargeld schon verändert haben.

Manche Bankfilialen können heute nicht einmal Bargeld wechseln.

Unabhängig von diesen Veränderungen im Finanzwesen sind Kenntnisse über Zahlungsverkehr, Kredit- und Finanzwirtschaft heute so wichtig wie nie zuvor. Persönlich halte ich das, was ich damals Anfang der Achtzigerjahre während meiner Ausbildung gelernt habe, für sehr wichtig und auch essentiell. Doch diese Kenntnisse scheinen in unserer Gesellschaft immer weniger geschätzt zu werden oder gar in Vergessenheit zu geraten. Sie bilden jedoch die Basis, auf der sich das heutige »Banking« entwickelt hat.

Woran liegt es, dass innerhalb der letzten 20 Jahre (wenn man es weit fasst) das Ansehen eines Berufs, ja, eines ganzen Wirtschaftszweigs derart gesunken ist? Früher waren Banken der Inbegriff des Vertrauens, der Fels in der Brandung, eine Institution, auf die man sich in stürmischen Zeiten verlassen konnte. Aus diesen Tagen stammen Redensarten wie: »Der Torwart ist unsere Bank.« Der Satz bezog sich darauf, wie sicher sich eine Fußballmannschaft fühlen konnte, wenn sie einen zuverlässigen Torhüter hatte. Der Torwart war das Rückgrat eines Teams. Doch dieses von Vertrauen und Integrität geprägte, gewachsene Image scheint nicht nur völlig aus der Mode gekommen, sondern geradezu in Vergessenheit geraten zu sein. Hat es einen Paradigmenwechsel gegeben? War – so die Ansicht einiger einflussreicher oder verantwortlicher Menschen in der Finanzbranche – die traditionelle Denkweise ausgereizt?

Die New Economy bot den Banken neue Optionen für ihre Geschäfte.

Geht man in der Historie auf der Suche nach dem Grund des Vertrauensverlusts noch weiter zurück als zur Bankenkrise 2007 / 2008, gelangt man noch zu einer anderen Kette von Ereignissen, die ursächlich sein könnte für das Misstrauen, das heute der Finanzwirtschaft entgegengebracht wird: die New-Economy- oder Internetblase.

Nachdem in den Achtzigerjahren des letzten Jahrhunderts die entscheidenden Grundlagen für das Internet gelegt worden waren, gewann es in den Neunzigern sprunghaft an Bedeutung. Wie groß sein Einfluss auf das ganze Leben – ob wirtschaftlich oder privat – mittlerweile ist, verdeutlicht die höchstrichterliche Feststellung des BGH aus dem Jahre 2013: »Die Nutzbarkeit des Internets ist ein Wirtschaftsgut, dessen ständige Verfügbarkeit seit längerer Zeit auch im privaten Bereich für die eigenwirtschaftliche Lebenshaltung typischerweise von zentraler Bedeutung ist.«[57] Das Internet und der Zugriff auf seine vielfältigen Inhalte sind demnach von zentraler Bedeutung für die Lebenshaltung.

Das Internet bot damals – und bietet bis heute – fast unendliche Möglichkeiten. Die Begeisterung für dieses Thema in den Neunzigern ist verständlich, die Euphorie und die Erwartungshaltung stiegen immer weiter, und im Zuge dessen gründeten sich viele Firmen rund um die erforderliche Technologie oder deren Anwendungsmöglichkeiten. Die New Economy entwickelte sich. Viele Unternehmen dieser New Economy wuchsen rasch und gingen dann zwecks Kapitalbeschaffung zügig an die Börse. Es herrschte eine wahre Goldgräberstimmung. Es gab so viele Firmengründungen dieser Art, dass an den wichtigsten Börsen der Welt eigene Indizes dafür gebildet wurden, wie zum Beispiel der NASDAQ oder das deutsche Gegenstück, der Nemax. In diesen Aktienindizes wurden Unternehmen gelistet, die sich mit neuen Ideen durchsetzen wollten – zumeist hatten sie mit Kommunikationstechnik zu tun und mit dem, was man heute unter modernen Medien versteht. Besonders in Deutschland war dieser Wandel auffällig, zumal 1998 das Telekommunikationsgesetz in Kraft trat, das der Telekom, einem der Nachfolgeunternehmen der Deutschen Post, das Monopol mehr oder weniger entzog. Nun konnte sich jede Firma um entsprechende Lizenzen und die entsprechende Technologie bemühen – ein neuer Markt war geboren.

Das Internet belebte das Geschäft mit Aktien für jedermann.

Für die Banken bedeutete das damals natürlich ein großes Geschäft. Aktienhandel, neu aufgelegte Fonds und dergleichen waren schon vorher lukrativ gewesen, doch diese neuen Entwicklungen machten solche Produkte auch für die Allgemeinheit attraktiv. Sowohl der neue Markt als auch die neuen, progressiven Technologien brachten neue Perspektiven und eröffneten eine Dimension von neuen Geschäftsfeldern, die bis in die Privathaushalte reichten. Sowohl die Kunden als auch die Banken selbst erkannten schnell, welche Gewinne dieser neue Wirtschaftszweig versprach: Die Banken verdienten an der Vermittlung von Aktiengeschäften und als Kapitalgeber; die Kunden profitierten, da nun jeder »Volksaktien« wie die der Telekom kaufen und daran verdienen konnte. Oft waren die Aktien zu Beginn, beim Börsengang des Unternehmens, so billig, dass sie auch für breite Bevölkerungsschichten durchaus erschwinglich waren. Besonders fiel das beim Börsengang von T-Online, einer Tochterfirma der Telekom auf. Diese Aktie erlebte im Sommer 2000 einen ungeahnten Ansturm und ihr Kurs kletterte innerhalb kürzester Zeit in astronomische Höhen. Dass viel Geld in gerade diesem Wirtschaftszweig umgesetzt wurde, beweist auch die Versteigerung der UMTS-Lizenzen zur gleichen Zeit: Jeder der beteiligten Bieter zahlte rund 16,5 Milliarden D-Mark für eines der sechs Frequenzbänder.[58]

Peng! Die New-Economy-Blase platzte im Jahr 2000.

Nicht nur die Kleinanleger, sondern auch die Banken selbst witterten also damals das große Geschäft, und für viele rechnete sich das auch. Je abstruser die Geschäftsidee, desto mehr Geld wurde in das Unternehmen investiert, so scheint es im Rückblick. Und die Banken finanzierten das mit dem Geld der Kleinanleger, die Aktien kaufen wollten.

Das ging eine Zeitlang gut. Doch dann platzte die Blase, die sich aufgebaut hatte, im Jahr 2000. Die Auswirkungen breiteten sich wellenartig aus und kamen bei den Anlegern erst ein bis zwei Jahre später richtig an. Die Anleger machten Verluste. Es erwies sich, dass die Firmen, die hauptsächlich in den Bereichen Informationstechnik, Multimedia, Telekommunikation und Biotechnik angesiedelt waren, von Unternehmern geführt wurden, die vor allem Eigeninteressen verfolgten und nicht im Interesse ihrer Anleger und Aktionäre handelten. Die Aufgabe oder das Anliegen, durch das mit dem Börsengang erworbene Kapital neue Ideen zu entwickeln und sie umzusetzen, schien eher zweitrangig zu sein. Persönliche finanzielle Ziele rückten in den Vordergrund und wurden teilweise verantwortungslos verfolgt. Viele der Aktien hatten keinen wirklich substanziellen Wert, wie sich in den Jahren nach der Jahrtausendwende zeigte. Namen wie Mehmet Göker oder Kim Schmitz (alias Kim Dotcom), aber auch Thomas Haffa sind bis heute skandalumwittert und werden mit dem Platzen dieser Blase in Verbindung gebracht.

Der Fall Mehmet Göker ist ein gutes Beispiel für die damalige Vorgehensweise von Versicherungen und deren Neukundenakquise, zugleich spiegelt er die verantwortungslose Haltung und die Skrupellosigkeit wider, die in etlichen Teilen der Finanzbranche herrschen. Geschäftsleute wie Göker haben sicher auch dazu beigetragen, dass Versicherungsvertreter, gemessen am Ansehen des Berufs in der Bevölkerung, im zuvor abgebildeten Ranking den letzten Platz einnehmen, noch hinter den Bankern. Göker wurde auch als »Gangster-Makler« bezeichnet. Er gründete die MEG AG, an der unter anderem der französische Versicherungskonzern AXA beteiligt war, und machte mit dem Vertrieb von Kranken- und Lebensversicherungspolicen ein Vermögen.

Bereits 2007 begannen die Strafverfolgungsbehörden, sich für die Firma von Göker zu interessieren. Der Vorwurf: Verdacht auf Scheinselbstständigkeit. Ein Jahr später wurde der Finanzmakler wegen nachgewiesener Weisungsgebundenheit seiner angeblich selbstständig tätigen Vertriebsmitarbeiter zu 720 Tagessätzen à 1000 Euro verurteilt. Doch das war nur der Anfang eines unglaublichen Finanzskandals in Deutschland, bei dem Göker kein Einzelfall war.[59] 2009 wurde die MEG AG, wie sich später herausstellte, ohne eingehende Prüfung von der Aragon AG, an der ebenfalls die AXA Beteiligungen hielt, übernommen. Die Aragon AG gewährte der MEG AG ein Darlehen zur internen Stabilisierung der Finanzsituation von über 6,5 Millionen Euro, besichert mit den Interessentendatensätzen der MEG AG. Diese Datensätze sind für Versicherungen sehr wertvoll; und die dafür angesetzte Summe illustriert gut, welchen Profit diese Branche aus Adressen generieren kann und was Versicherungen bereit sind, dafür zu tun.

Die Datensätze enthalten Daten von potenziellen Kunden, die unter anderem Interesse an einem Abschluss oder einem Wechsel in eine private Krankenversicherung signalisiert haben. Solche Datensätze werden im besten Fall mit bis zu 170 Euro pro Stück bezahlt. In diesem Fall ging es um knapp 500 000 Datensätze, mit denen schon ein Umsatz von rund 2 Millionen Euro erzielt worden war.[60] Sie wurden bereits an Dritte verkauft und sollten zur weiteren Vermittlung von privaten Krankenversicherungen genutzt werden.

Das »Geschäftsmodell Göker« war einfach und hatte System: Göker verstand es, Versicherungsverkäufer zu verpflichten, die besonders »scharf« waren. Deren Aufgabe und Ziel war es, private Krankenversicherungen (PKV) zu verkaufen. Es galt die Devise: Je mehr, desto besser. Unternehmen wie die AXA, die Allianz und andere waren an Gökers Vertriebssystem und dessen Abschlussstärke extrem interessiert.

In einem Interview mit dem *Handelsblatt* beschreibt Göker seine Sonderstellung bei den Gesellschaften: »Ich habe damals 21 Monatsbeiträge (MB) bei der Vermittlung einer Police erhalten, freie Vermittler vielleicht sechs bis sieben. Warum? Weil ich als großer im Markt die Verhandlungsmacht hatte. Die Versicherer müssen die Macht der großen Vertriebe brechen und pauschal immer gleich zahlen. Fünf bis sechs Monatsbeiträge reichen.«[61] Vier Versicherungskonzerne, die AXA, Allianz, Central und Consal, honorierten zukünftige Vertragsabschlüsse mit enormen Provisionsvorschüssen. Noch Anfang des Jahres 2009 zahlte AXA 6 Millionen, Central 8 Millionen, Allianz 2 Millionen und Consal 3,5 Millionen Euro an Göker, ohne dass dafür tatsächliche Abschlüsse vorgelegen hätten. Das ist eine Gesamtsumme von 19,5 Millionen Euro, die im Jahr 2009 und noch 2010 hätten abgearbeitet werden sollen. Die Forderungen der Versicherungsgesellschaften erhöhten sich noch erheblich, weil viele der bereits verrechneten Provisionsansprüche storniert werden mussten.[62] Am Ende forderten die Versicherer mehr als 20 Millionen Euro zurück.

Der Fall Göker brachte die Versicherungsbranche zum Umdenken.

Gegen Göker liegt ein internationaler Haftbefehl vor. Doch Göker setzte sich in die Türkei ab, und die Türkei liefert nicht aus. Die Staatsanwaltschaft ermittelt weiterhin gegen den Versicherungsmakler. Der Vorwurf der Staatsanwaltschaft lautet: »Bereits vor dem Ausscheiden als Vorstandsvorsitzender der MEG AG sei gemeinschaftlich der Entschluss gefasst worden, sich bei der MEG AG gespeicherte Datensätze zu beschaffen«[63].

Seit diesem Skandal hat sich in der Versicherungsbranche die Einsicht durchgesetzt, dass hier eine Vorgehensweise »ausgereizt«

wurde. Es scheint keine gute Lösung zu sein, möglichst billig an Daten potenzieller Neukunden zu kommen – ein anderer Weg zur Neukundenakquise muss offenbar eingeschlagen werden; zu groß ist die Gefahr, Betrügern wie Göker aufzusitzen. Es wurde eine Begrenzung der Provisionshöhe eingeführt, jedoch hat sich an den Vertriebsmethoden kaum etwas geändert.

Und Mehmet Göker? Nach eigenen Angaben hat er bereits 2013 in der Türkei die neue MEG TK gegründet.[64] Für ihn ist das »System Göker« also offenbar noch lange nicht ausgereizt! Fragt sich nur, wer diese offensichtlich betrügerischen Machenschaften auch weiterhin noch unterstützt.

Betrachtet man diesen und vergleichbare Fälle, so stellt sich die Frage, wie es in schöner Regelmäßigkeit zu solchen »Blasen« kommen kann. Sind die Ursachen nur bei Banken und Versicherungen zu suchen? Der stark beschädigte Ruf dieses Wirtschaftszweiges ist ein Hinweis darauf, dass sie wahrscheinlich tatsächlich eine zentrale Rolle dabei spielen. Doch auch den vermeintlich arglosen Kleinanleger kann man nicht einfach aus der Verantwortung nehmen. Die Gier, die möglicherweise in den Banken ihren Anfang nahm, setzte sich ebenso schnell in der breiten Bevölkerung durch – die Aussicht, mit möglichst wenig Aufwand und null Risiko schnell reich zu werden, war einfach zu verlockend. Und die New Economy schien genau das möglich zu machen.

Es gibt tatsächlich Banken, bei denen die Interessen der Kunden im Fokus stehen.

Mit der weit verbreiteten Meinung, dass die Banken selbst einen Teil der Schuld daran tragen, dass ihr Ansehen in der Bevölkerung so drastisch gesunken ist, beschäftigte sich 2014 das Magazin *brand eins* und stellte dabei auch fest: »Es gibt sie: Finanzprofis, die im Interesse ihrer Kunden handeln – und im Zweifel sogar auf Profit verzichten.«[65] Im Artikel werden die Geschäftsmethoden zweier großer Hedgefonds-Unternehmen verglichen. Auf der einen Seite stünde, so der Artikel, der DeKa-Fonds der Sparkassen, der mit einem Umsatz von rund 120 Milliarden an verwaltetem Kundenvermögen einer der größten Finanzinvestoren in Deutschland, ja sogar in Europa ist: »Sie bieten einem Kunden, vereinfacht gesagt, Folgendes an: Du gibst uns dein Geld. Dafür bezahlst du eine Gebühr (genannt Ausgabeaufschlag) von bis zu fünf Prozent, die derjenige unserer Verkäufer erhält, der so nett war, dir das Geld abzunehmen. Den Rest bekommt ein Fondsmanager, der dein Erspartes anlegt. Dafür zahlst du jedes Jahr eine weitere Gebühr (Management-Fee) von bis zu drei Prozent, und zwar egal, ob er seinen Job gut oder schlecht macht. Einverstanden?«[66]

Dagegen stellte der Artikel das Vorgehen einer exklusiven Londoner Privatfirma, die hauptsächlich in Hedgefonds investiert: »Du überlässt uns dein Geld. Wir geben es einem Fondsmanager und sorgen dafür, dass er es gut anlegt. Du zahlst uns eine Managementgebühr von maximal zwei Prozent. Und wenn mindestens zehn Prozent Gewinn im Jahr für dich herauskommen, gibst du uns 20 Prozent davon ab. Wenn nicht, bekommen wir auch nichts und feuern den Fondsmanager. Einverstanden?«[67]

Bei einer solchen Gegenüberstellung scheint die Entscheidung für Kunden denkbar leicht zu sein – für Banken gibt es also offenbar Vorbilder, die zeigen, wie sich Kundenorientierung und Erfolg vereinbaren lassen. Dennoch scheinen diese Konzepte vielen in der Branche fremd zu sein.

Vor einigen Jahren hatte ich den Auftrag, ein neues Pricing für die Vermögensverwaltung einer sehr angesehenen Privatbank durchzuführen, mit dem die Bank gleichzeitig mehr Ertrag erwirtschaften konnte. Als ich den Vermögensberatern den Vorschlag unterbreitete, das Honorar zukünftig erfolgsabhängig zu gestalten, fanden sie Tausende von Gründen, warum das ausgerechnet bei ihrem Geschäft nicht möglich sei. Es wurde beispielsweise argumentiert, ein solches Verfahren sei branchenunüblich und außerdem unseriös. Auf meine Frage, was daran unseriös sei, wenn der Kunde von seinem Gewinn einen Teil der Bank abgibt, bekam ich keine befriedigende Antwort, stattdessen musste nun der Markt herhalten, um meinen Vorschlag abzuwehren: Eine Festlegung sei unmöglich, da man die Entwicklungen im Markt nicht absehen könne. Die Bank betriebe schließlich einen enormen Aufwand für den Kunden. Sie würde auf ihren Kosten sitzenbleiben, wenn der Gewinn ausbleibt. Das war ein weiteres Argument, was ich nicht nachvollziehen konnte. Schließlich bringt der Kunde das Geld selbst mit. Es ist die Aufgabe der Bank, dieses zu vermehren. Da interessiert es den Kunden nicht, was ein Geldinstitut beispielsweise für Transaktionen zu bezahlen hat, welche Gebühren entstehen und welchen Aufwand es betreibt. Ich blieb dabei: Wird Gewinn erwirtschaftet, dann kann sich die Bank ihren Teil davon nehmen. Erfolgt keine Rendite, so hat das Institut schlecht gewirtschaftet. Dann ist es das Problem der Bank, wenn der Aufwand ungedeckte Kosten verursacht. Der Kunde hat der Bank schließlich sein Geld anvertraut, um es zu vermehren, und nicht, um Aufwand damit zu betreiben. Die Liste der Argumente gegen meine Anregungen wurde jedoch immer länger, und der Tenor blieb: »Wir sind gut, wir haben den ganzen Aufwand, und den wollen wir vergütet sehen, doch das Risiko soll allein der Kunde tragen.«

Ein Marketingmanager einer großen Bank sagte kurz nach dem Platzen der New-Economy-Blase: Eigentlich sei es kaum verwunderlich, dass die Banken so nachlässig mit dem Geld der Kunden umgingen, denn es sei ja offensichtlich, dass den Kunden selbst an ihrem Geld kaum etwas liege. Wäre es anders, würden die Kunden es nicht in Projekte wie Immobilien-, Hedge- oder Sachwertefonds investieren, die sich nach nur wenig Recherche meist als instabil oder nicht verlässlich herausstellen. Vor diesem Hintergrund wirkt der Werbeslogan einer französischen Bank besonders ironisch: »Nehmen Sie Ihr Geld doch selbst in die Hand!«

Scheinbar ist es vielen Verbrauchern gleichgültig, wer ihr Geld verwaltet, worin es investiert wird und was zur Risikominimierung seitens eines Geldinstitutes getan wird. In den ersten Jahren des neuen Jahrtausends kam in diesem Zusammenhang sogar eine Formulierung auf, die bis heute ein Begriff ist: »Stupid German Money«. Damit werden Gelder bezeichnet, die auf dem sogenannten grauen Kapitalmarkt in geschlossene Medienfonds der amerikanischen Filmwirtschaft investiert wurden.[68]

Dass es so weit kommen konnte, lässt die Frage aufkommen, ob die Banken vielleicht heutzutage von einem Vertrauen zehren, das viele Menschen in der Vergangenheit aufgebaut haben.

Macht es das Vertrauen in die Banken überhaupt erst möglich, das System derart zu überreizen?

In den Zeiten vor der New Economy und dem Internet war das Sparbuch die wichtigste Investition, die man als Kleinanleger vornehmen konnte. In Sparkassen und Volksbanken wurde der Weltspartag groß gefeiert. Seit 1924 ist er in Deutschland Ende Oktober angesetzt, in der Regel am letzten Werktag vor dem 31. Oktober, da in vielen Bundesländern der Reformationstag, der 31. Oktober, als Feiertag gilt. Ich kann mich noch gut erinnern, dass ich als Junge das Münzgeld, das ich mir zum Taschengeld dazuverdient oder von Verwandten zum Geburtstag geschenkt bekommen hatte, in eine altmodische Sparbüchse steckte. Es war eine stabile Metalldose, fast ein kleiner Tresor. Diese Sparbüchse trug ich voller Stolz und Erwartungen am Weltspartag zu unserer Bank, bei der mein Vater schon seine Konten hatte. Freundlich begrüßte uns der Bankangestellte, meist sogar mit Handschlag.

Dann kam der langersehnte Moment: Die Sparbüchse wurde aufgeschlossen. Den Schlüssel zum Öffnen besaß nämlich nur die Bank. Ein vorzeitiges Entnehmen des Inhaltes war also nicht möglich. Nach dem Öffnen fielen die vielen Münzen zusammen mit ein paar kleineren Scheinen klimpernd in ein hölzernes Zählbrett. Peinlich genau wurde dann gezählt, und ebenso aufmerksam beobachtete ich den Vorgang. Die finale Summe wurde feierlich ins Sparbuch eingetragen. Ich konnte endlich schwarz auf weiß nachlesen, wie viel ich gespart hatte und wie sich mein kleines »Vermögen« entwickelte.

Sparen ist »uncool« und altmodisch.

Der Weltspartag hatte ursprünglich auch einen eindeutig pädagogischen Zweck: Kindern sollte eine Vorstellung vom Wert des Geldes vermittelt werden. Es gab eine Belohnung, etwa in Form einer neuen Sparbüchse, bunten Stiften für die Schule oder Malbüchern, wenn man es geschafft hatte, das Geld nicht für Bonbons oder den neuen Comic auszugeben, sondern es für die eigene Zukunft zur Seite legte. »Spare bei Zeiten, so hast du in der Not«, hieß es damals oft.

Dieser Gedanke ist in den vergangenen Jahren zunehmend unpopulär geworden. Das Geldverdienen per se steht dagegen nach wie vor hoch im Kurs. Hier unterscheiden sich Jugendliche und Erwachsene kaum, nur die Summen differieren, und das übrigens unabhängig vom Engagement: Das sinkt im Durchschnitt nicht, sondern steigt auch bei den jüngeren Generationen.

Jedoch wird kaum gespart – oder anders gesagt: Kaum etwas wird auf die Seite gelegt. Wird eine gewisse Summe erarbeitet, dann wird sie in der Regel rasch ausgegeben. Die Verlockungen sind groß: ein Essen hier, neue Sneakers dort oder gar ein neues TV-Set auf Raten im Leichtkauf-System. Dabei ist Sparen keineswegs besonders schwer. Selbst wenn man nicht gezielt spart, sammeln sich innerhalb kurzer Zeit beachtliche Summen an.

Im Zusammenhang mit diesem Thema und in Vorbereitung zu diesem Buch habe ich einen kleinen Versuch durchgeführt: Für gewöhnlich bewahre ich Wechselgeld oder Münzen nicht in meinem Portemonnaie auf, sondern lose in der Hosen- und oder in der Jackentasche. Komme ich abends nach Hause, leere ich die Taschen und stecke das Kleingeld – ganz »old fashioned« – in eine Sparbüchse. Wenn kein Geld mehr in die Sparbüchse passt, entleere ich sie normalerweise einfach und trage den Inhalt zur Bank, ohne darüber nachzudenken. Für meinen Versuch verfolgte ich diesen Ablauf nun jedoch ganz bewusst. In der Regel ist die Sparbüchse nach ein paar Monaten voll. Als ich sie neulich leerte, war ich sehr erstaunt, was sich in vier Monaten angesammelt hatte: Es waren etwas über 150 Euro – und das in der kurzen Zeit und ohne festes Sparziel, einfach so nebenbei.

Häufig wird als Gegenargument zum Sparen angeführt, dass Geld auf »normalen« Sparkonten unsinnig sei, da die extrem niedrigen Zinsen nicht einmal ausreichen, um den Wertverlust zu decken. Das mag ja stimmen, wenn es darum geht, einen gewissen Kapitalstock zu mehren. Doch sollten niedrige Zinsen niemanden davon abhalten, überhaupt Kapital zu sammeln. Und hier gilt, was der Volksmund schon immer sagt: »Kleinvieh macht auch Mist.« Es gibt sogar einen Witz, der das illustriert: Treffen sich ein Raucher und ein Nichtraucher. Fragt der Nichtraucher: »Wie lange rauchst Du schon?« Raucher: »Seit 30 Jahren jeden Tag eine Schachtel.« Nichtraucher: »Das macht mit Zinsen schon einen Porsche, den Du da verraucht hast.« Fragt der Raucher zurück: »Und wo hast Du Deinen Porsche?«

Kleine Beträge werden nur dann zu einem Kapital, wenn sie nicht ausgegeben, sondern gespart und angelegt werden.

Das Engagement, das nötig ist, um Geld zu verdienen, ist also nur sehr selten das Problem. Die Herausforderung beim Sparen liegt vielmehr im Verzicht. Lieber gibt man das Geld sofort aus, statt einen Anteil davon auf die Seite zu legen. Es hat den Anschein, als würde Sparen bedeuten, auf einen Teil Lebensqualität zu verzichten. Aber ist das wirklich so? Ob das einst beliebte Konzept des Geldsparens an Popularität verloren hat, weil es nicht mehr von den Banken propagiert wird, oder ob die Gesellschaft das Sparen einfach nicht mehr attraktiv findet, kann wohl nicht abschließend geklärt werden. Beobachten Sie sich sowie Ihre Umwelt, und ziehen Sie Ihre eigenen Schlüsse daraus.

Nach wie vor bleibt das einfache Sparbuch jedoch die bei den Deutschen beliebteste Form der Geldanalage. Obwohl das Privatkunden- und vor allem das Kleinanlegergeschäft der Banken in den letzten 20 Jahren drastisch zurückgegangen ist, hatten private Haushalte bei den deutschen Banken im Oktober 2014 noch immer über 500 Milliarden Euro Einlagen mit vereinbarter Kündigungsfrist bis zu drei Monaten.

Trotzdem zeigt der Fall Göker, dass der Fokus der Finanzunternehmen zunehmend auf dem Gewinn liegt. Wie jedes Unternehmen in der Wirtschaft muss sich natürlich auch eine Bank nach betriebswirtschaftlichen Kriterien beurteilen lassen. Kosteneinsparungen waren besonders nach dem Platzen der New-Economy-Blase und später aufgrund der Bankenkrise von 2007 zu einem wichtigen Thema geworden. Und wie bei vielen Unternehmen ist das Personal eines der größten Posten im Firmenetat. Dementsprechend hat beispielsweise die Deutsche Bank im Oktober 2015 angekündigt, in nächster Zeit 15 000 Mitarbeiter freizusetzen. Von ungefähr 103 000 Mitarbeitern in Europa will die Bank auf einen Schlag 15 Prozent entlassen. 2018 soll die Bank in Europa nur noch 77 000 Mitarbeiter haben – also 26 000 und damit ein Viertel weniger als heute. Damit steht jeder vierte Mitarbeiter mit einem Bein im Aus. Gleichzeitig zieht sich die

Deutsche Bank aus zehn Staaten, darunter die skandinavischen Länder, zurück. Von 700 Filialen sollen 200 geschlossen werden, fast jede dritte. Und die Dividende fällt 2015 und 2016 sogar ganz aus, ein Novum für die Aktionäre. Pikantes Detail: Die Boni für die leitenden Angestellten werden nicht gestrichen, nur gekürzt.[69] Doch wird hier wirklich an der richtigen Stelle gespart?

Kunden wünschen gerade bei Bankgeschäften einen persönlichen Ansprechpartner.

Überlegungen, die Personalkosten zu senken, gab es bei den Banken allerdings auch schon vor diesen einschneidenden Ereignissen. Das Filialgeschäft wurde als zu wenig ertragreich angesehen. Mit dem Aufkommen des Internets erschien es den Banken schon Ende der Neunzigerjahre erstrebenswert, die Geschäfte künftig verstärkt elektronisch abzuwickeln. Personal konnte so eingespart werden. Geschäftsmodelle wie das der Bank24, einer Direkttochter der Deutschen Bank, wurden zunehmend interessanter. Die Produktpalette war eingeschränkt, und der Kontakt zu den Kunden erfolgte via Telefon oder Internet. 2002 allerdings änderte die Deutsche Bank ihre Strategie wieder, weil sich das Geschäftsfeld mit den Privatkunden inzwischen wieder lukrativ entwickelt hatte. Auch andere Banken, die ähnliche Modelle ausprobierten, machten zu dieser Zeit ähnlich negative Erfahrungen mit dem Internet-Banking: Neben zahlreichen anderen, je nach Geldinstitut unterschiedlichen Gründen, die gegen das Internet-Banking sprachen, war ein Problem allen Fällen gemein: dass den Kunden der persönliche Kontakt fehlte. Die Zeit war noch nicht reif für internetbasiertes, digitales Banking. Die Kunden wollten nicht anonym beraten werden – noch nicht –, sondern waren es gewohnt, bei der Beratung ihrer ganz persönlichen finanziellen Anliegen ein Gesicht vor sich zu sehen.

Auch das hat sich mittlerweile geändert. Vieles läuft heutzutage nur noch auf elektronischem Weg. Nach der zweiten globalen Finanzkrise 2007 blieb den Banken nichts anderes übrig, als Personal – den kostenintensivsten Faktor in der Betriebswirtschaft – einzusparen. Sowohl Schalter als auch ganze Filialen wurden geschlossen beziehungsweise durch Bankautomaten ersetzt. Zudem wurde das Geschäft zentralisiert. Heute ist es völlig normal, dass Beträge online überwiesen werden, die meisten Firmen haben Lastschriftverfahren, die EC-Karte kann in nahezu allen Geschäften als Zahlungsmittel eingesetzt werden. Statt der Bankfilialen und -mitarbeiter gibt es sogenannte Servicezentren, in denen Kontoauszugsdrucker, Service-Terminals und Geldautomaten zum Ein- und Auszahlen bereitstehen. In manchen dieser Einrichtungen ist gar kein Personal mehr zu sehen.

Onlinebanking bedeutet: Die Bank schläft nie.

Die Bearbeitung von Überweisungen, Abhebungen und anderen Vorgängen können dem Kunden einzeln in Rechnung gestellt werden – was sich für die Institute letztendlich eher rechnet als eine pauschale Kontoführungsgebühr. Doch auch den Kunden kam die Umstellung auf Onlinekonten im Zuge der Weltwirtschaftskrise durchaus entgegen. Die Banken bewarben die neuen Produkte und neuen Konten mit billigeren Gebühren und Prämien, die natürlich gern in Anspruch genommen wurden. Zudem war – und ist – es verlockend, Geldgeschäfte zu Hause am PC erledigen zu können. Quasi rund um die Uhr können von zu Hause und von jedem anderen Ort mit Internetzugang aus Überweisungen, Abbuchungen oder sonstige Transaktionen erledigt werden. Selbst Wertpapiergeschäfte lassen sich mittlerweile online abwickeln. Umständliche Wege oder unpassende Öffnungszeiten entfallen.

Das Geschäft der Banken läuft also mittlerweile fast vollständig automatisiert und zentralisiert. Damit geht schleichend und fast unbemerkt ein entscheidender Faktor verloren, der noch vor 30 Jahren für Sparkassen und Volksbanken auch in kleineren Orten essenziell war: das Vertrauen. Die Geld- und Kreditwirtschaft ist prinzipiell ein Geschäft auf Vertrauensbasis. Geld gehört zu dem Wertvollsten, was ein Mensch in diesen Zeiten besitzen kann. Es kann über Wohl und Wehe entscheiden, auch über die Gesundheit und das Wohlergehen der Familie. Dieses Geld an andere zu geben, an ein Institut, das man nicht kennt, fällt schwer.

Vertrauen ist die Basis von Bankgeschäften – und es beruht auf Gegenseitigkeit.

Besonders in der Kreditwirtschaft ist Vertrauen, der menschliche Faktor, unerlässlich. Im ländlichen Raum zeigt sich das zum Beispiel daran, dass dem Kreditsachbearbeiter vor Ort meistens bewusst ist, was eine Zugmaschine, ein Trecker, kostet. Er weiß, dass ein Landwirt dafür bis zu 250 000 Euro ausgeben muss. Das ist eine Summe, die ein Bauernhof nicht immer sofort erwirtschaften kann. Der Kreditsachbearbeiter kennt seinen Kunden jedoch auch aus seinem persönlichen Alltag, vom Einkauf, vielleicht gehen die Kinder zusammen zur Schule, man feiert gemeinsam Schützenfeste oder engagiert sich in gemeinnützigen Vereinen.

Diese Bekanntschaft macht es dem Bankangestellten leicht, die Kreditwürdigkeit des Kunden einzuschätzen. Er kennt ihn in der Regel persönlich, weiß, welchen Aussagen über den möglichen Profit des betreffenden Hofes er Glauben schenken kann und welchen nicht. Das Vertrauen ist jedoch beidseitig. Auch der Landwirt kennt den Banker – was es ihm in der Regel schwermacht, sich bei der Rückzahlung des Kredits unehrenhaft zu verhalten. Würden beide Seiten sich nicht kennen, würde das Geschäft unpersönlich ablaufen, wäre es dagegen schon fraglich, ob überhaupt ein Kredit eingeräumt werden würde.

Früher wurden viele Kredite ohne eingehende Prüfung vergeben. Es zählte das Wort.

Heute laufen alle Bankgeschäfte, selbst im ländlichen Raum, vollkommen anders ab: Der Sachbearbeiter vor Ort, ein Mitarbeiter im Marktbereich (z. B. Kundenberatung), initiiert das Kreditgeschäft und gibt ein Votum ab. Der Bereich Marktfolge – beispielsweise Kreditcontrolling – muss ebenfalls eine Stellungnahme abgeben, die vom Markt unabhängig sein muss. Für eine positive Kreditentscheidung ist es erforderlich, dass beide Vota zustimmend sind. Die erste, positive Kreditentscheidung aus dem Markt braucht bei diesem Vier-Augen-Prinzip also immer eine zweite, ebenfalls positive und unabhängige Kreditentscheidung des Bereichs Marktfolge.

Meistens ist dafür jemand in einer Hauptstelle in der nächstgrößeren Stadt zuständig. Es ist ein Bankangestellter, dem der Landwirt völlig unbekannt ist und der ihn auch gar nicht kennen soll, ebenso wenig wie die allgemeinen oder besonderen Umstände des Hofes oder die Gründe, die zum Kreditantrag führen. In der Zentrale entscheidet der Sachbearbeiter stattdessen nach einem von der Bank definierten Kriterienkatalog. Diesen arbeitet er strikt ab, und auf der Basis seiner Empfehlung befindet bei großen Summen der zuständige Kreditausschuss.

Dieses Verfahren ist ganz bewusst so eingerichtet. Die Beziehungsebene soll von der Sachebene getrennt werden. Man kann auch sagen: Der Mensch wird von der Sache getrennt. Oft wird genau das von den Bankkunden kritisiert. Kredite, die benötigt werden, sind heute schwerer zu bekommen als vor der

Bankenkrise. An dieser Kritik mag einiges dran sein, denn auch Kammern verweisen darauf, dass es teilweise schwierig ist, einen Kredit zu bekommen. Jedoch darf dabei auch nicht vergessen werden, dass die Prüfverfahren dem Schutz beider Seiten dienen.

Es kam in der Vergangenheit nämlich durchaus vor, dass aufgrund von persönlichen Beziehungen Kredite ohne eingehende Prüfung vergeben wurden. Man kannte sich eben, und das Wort galt. Leider war es jedoch keine Seltenheit, dass Verpflichtungen in diesen Fällen nicht fristgerecht oder gar nicht zurückgezahlt werden konnten. Das war ein Ausfall für die Bank und belastete letztendlich die Allgemeinheit, gerade wenn es sich um genossenschaftliche Banken handelte. Die Frage, ob hier die ursprüngliche Verfahrensweise zum Schaden der Allgemeinheit ausgereizt wurde, drängt sich in diesem Punkt also auch auf.

Kleinkredite für Selbstständige sind für Banken zu kostenintensiv – daher gibt es keine.

Daher sind strenge Regelungen bei der Kreditvergabe einerseits nachvollziehbar – Vetternwirtschaft, Fehlentscheidungen in beide Richtungen, Gewissenskonflikte oder gar Korruption sollen dadurch verhindert werden –, andererseits führt diese Arbeitsteilung zunehmend zu kuriosen Situationen. Was meinem Bekannten Daniel passierte, ist dafür ein gutes Beispiel: Daniel ist selbstständiger Grafiker. Da sein Computer immer häufiger abstürzte, brauchte er ein neues Gerät inklusive der aktuellen Software. Ein Computer, der für einen Grafiker geeignet ist, mit der dazugehörigen professionellen Software kostet leicht um die 5000 Euro – ein Betrag, den nicht jeder Selbstständige sofort aufbringen kann.

Daniel bat also bei der örtlichen Kreissparkasse um einen entsprechend hohen Kredit. Dort verwies man ihn an die Geschäftskundenabteilung, weil er den Kredit für geschäftliche Zwecke verwenden wollte. Diese Abteilung befand sich in der Zentrale in einer großen deutschen Metropole, die sehr weit von seinem Wohnort entfernt war. Der für ihn zuständige Sachbearbeiter war Daniel völlig unbekannt. Nach einer Terminvereinbarung, die per Mail über die Homepage der Bank erfolgte, erhielt Daniel schließlich einen Anruf des zuständigen Bankangestellten. Kurz erklärte der selbstständige Grafiker den Umstand, der zu seiner Kreditanfrage führte. Der Sachbearbeiter teilte ihm sofort mit, dass ein Kredit in einer so geringen Höhe nicht vergeben werde. Wahrscheinlicher sei es, dass man ihm eine Summe in Höhe 50 000 Euro einräumen könnte. Eventuell müsse der Grafiker für die Installation der neuen Computeranlage sein Büro umbauen, lautete das Verkaufsargument des Bankers. Daniel war natürlich überhaupt nicht bereit, Kosten zu verursachen, die gar nicht nötig waren, und lehnte ab. Ein Bekannter schoss Daniel das Geld schließlich vor. So geht es also auch.

Ein anderes Beispiel zeigt, wie positiv sich über Jahre aufgebautes Vertrauen trotz aller Vorschriften nach wie vor auswirken kann: Vor etlichen Jahren unterhielt ich mich mit meinem Nachbarn, Reinhard, über die Veränderungen auf dem Finanzmarkt. Reinhard überlegte, ob er von der Sparkasse zu einer Direktbank wechseln sollte. Er hatte sich ausgerechnet, dass er bares Geld sparen würde, da die Sparkasse im Vergleich zur Direktbank recht teuer war. Da ich den Aufbau und einige Mitarbeiter der örtlichen Sparkasse durch meine Lehrjahre noch etwas kannte, riet ich ihm von einem Wechsel ab. Reinhard war über 30 Jahre Kunde der Sparkasse, hatte immer eine vorbildliche Kontoführung und war mit den Beratern dort persönlich bekannt. Mein Rat sollte sich auszahlen. Neulich stand ein Möbelwagen vor dem Haus meines Nachbarn, in dem er viele Jahre zur Miete gewohnt hatte. Ich hatte ihn lange nicht mehr persönlich gesprochen und nutzte den Anlass, um nach Neuigkeiten zu fragen.

Der persönliche Kontakt zur örtlichen Bank zahlt sich aus.

Er erzählte mir, dass er sich endlich ein eigenes Haus gekauft habe. Ich gratulierte ihm und fragte, wie es mit der Finanzierung gelaufen sei. Reinhard erzählte, dass es sich gut für ihn ausgewirkt habe, bei der Sparkasse geblieben zu sein. Zwar musste der Kreditantrag von der Zentrale entschieden werden, aber sein Kundenbetreuer und der langjährige Bankdirektor haben nach Gesprächen und internen Bewertungen den Kreditantrag mit einer persönlichen, positiven Empfehlung weitergegeben. Dem Antrag wurde nach einer weiteren Analyse stattgegeben. Ein wichtiges Kriterium dabei war die Empfehlung des örtlichen Bankdirektors.

Es zahlt sich also immer wieder aus, etwas mehr für eine Leistung zu bezahlen und nicht nach dem Discount-Prinzip zu entscheiden. »Vertrauen ist der Anfang von allem«, hieß es in einem Werbespot eines deutschen Bankhauses, der Mitte der Neunzigerjahre ausgestrahlt wurde. Doch dieses Vertrauensverhältnis ist seither beinahe völlig verloren gegangen. Nicht nur die letzten beiden globalen Finanzkrisen, in denen Banken mit Steuergeldern gestützt und teilweise auch saniert wurden, haben dazu beigetragen. Auch die Zentralisierung der Bankgeschäfte trägt massiv zur »Entmenschlichung« der Abläufe bei, was dazu führt, dass das Vertrauen in die Geldinstitute schwindet oder gar nicht erst aufgebaut wird.

Ein Prinzip, das ich bei meinen Seminaren vertrete, lautet: Eine Marke, der Ruf eines Unternehmens, für das man wirbt oder das man vertritt, sollte wie ein Konto behandelt werden. Diese Marke entsteht durch lange Arbeit, durch Investition und Vertrauensbildung. Man muss Wertarbeit herstellen – Qualität –, um sich auf eine gute Art bekannt zu machen. Die Arbeit, die man als Unternehmer, Firmeninhaber, Selbstständiger, aber auch als Manager in diese Marke steckt, ist wie die Einzahlung auf ein Bankkonto. Solange man an dem Ruf arbeitet, zahlt man also ein. Der Ruf spart sich gewissermaßen an. Die Festigung der Reputation ist die Verzinsung.

Doch in den vergangenen Jahrzehnten haben ausgerechnet die Banken und Finanzinstitute zunehmend weniger auf dieses Konto eingezahlt. Stattdessen haben sie sich auf ihren Ruf verlassen – darauf, eine Marke zu sein. Sie haben von dem Konto abgehoben: durch Skandale, durch ihr verantwortungsloses Verhalten und durch eine Gewinnorientierung, die in einigen Fällen die Staatsanwaltschaft beschäftigt. Damit ist das Vertrauen der Kunden zunehmend aufgebraucht und ausgereizt.

Schlecht gepackt und geladen – Sparen wir schon beim Denken?

> *»Faulheit und Feigheit sind die Ursachen, warum ein so großer Teil der Menschen, nachdem sie die Natur längst von fremder Leitung frei gesprochen, dennoch gerne zeitlebens unmündig bleiben.«*
> IMMANUEL KANT

Im Sommer war es mal wieder so weit: Bei meiner Vespa war die zweijährige Hauptuntersuchung fällig. Bei meinem Firmenwagen bekomme ich das gar nicht mit, da übernimmt die Werkstatt das für mich. Doch bei meiner geliebten über 30 Jahre alten und fast originalen Vespa ist das anders, da mache ich das selbst. Also fuhr ich an einem heißen Sommertag gut gelaunt und zuversichtlich zum TÜV.

Mit so einer alten Vespa wird man dort nicht wie alle anderen behandelt. Ich wurde aufgefordert, auf die andere Seite des Gebäudes zu fahren, wo die Fahrzeuge üblicherweise die Prüfhalle wieder verlassen. Die Hallentore standen wegen der Hitze sperrangelweit offen, und während ich darauf wartete, aufgerufen zu werden, hatte ich Gelegenheit, den TÜV-Prüfern bei der Arbeit zuzusehen.

Einer der Prüfer machte sich gerade im Fußraum eines Wagens zu schaffen. Er befestigte ein Kabel, das zu einem Computer an der Seite führte, und startete kurz den Motor. Nach einem kurzen Blick auf den Monitor stellte er den Motor wieder ab und entfernte das Kabel aus dem Fahrzeug.

Computergestützte Messungen lügen nicht, oder?

Als ich an der Reihe war und eben dieser Prüfer nun meine Vespa untersuchte, kam ich mit ihm ins Gespräch. Ich fragte nach, was er da vorhin getan habe. Der Prüfer erklärte mir, dass er die Abgasuntersuchung (AU) im Rahmen der Hauptuntersuchung vorgenommen habe. Bei modernen Fahrzeugen reiche es aus, diese Messung bei Leerlaufdrehzahl durchzuführen.

Außerdem erklärte mir der Sachverständige, dass über diesen OBD-(On-Board-Diagnose)-Stecker weitere relevante Daten ausgelesen werden können. Das gehe sogar so weit, dass es ausreiche, über den OBD lediglich auszulesen, ob die Selbstüberwachung des Systems einwandfrei funktioniert. Wären bis zum Untersuchungszeitraum keine Fehler aufgetreten, dann sei die AU bestanden.

Ich habe selbst Ingenieurwissenschaften studiert und war deshalb von diesen technischen Möglichkeiten im ersten Moment total begeistert. Ich erklärte ihm, dass ich erwartet hätte, er halte nach Anwerfen des Motors ein Messgerät in die Abgase – so, wie ich das von früher her noch kannte. Der Prüfer lachte und erwiderte, dass ich wohl schon lange nicht mehr beim TÜV gewesen sei und dass so nur noch bei alten Modellen verfahren werde. Das neue Verfahren, die Überprüfung per Datenabfrage, sei genauer und zeitsparender. Die Software sei eben unfehlbar und unbestechlich – und würde eine Fehlfunktion oder abweichende Werte unweigerlich melden.

Das unerschütterliche Vertrauen des Sachverständigen in die Computertechnik kam mir damals befremdlich vor. Kurze Zeit später, während ich bereits dieses Buch schrieb, wurde ich in meiner Skepsis durch einen Skandal bestätigt, an den Sie sich sicher noch erinnern: die VW-Abgas-Affäre.[70]

Der VW-Abgas-Skandal übersteigt das Maß des Erträglichen.

Am Verlauf dieser Affäre, die im September 2015 offiziell bekannt wurde, da die US-amerikanische Umweltschutzbehörde EPA zu diesem Zeitpunkt eine erste »Notice of Violation« (etwa: »Mitteilung eines Rechtsverstoßes«) an Volkswagen richtete, lassen sich viele der Missstände, die ich in den vorigen Kapiteln dieses Buchs aufgezeigt habe, ablesen. Dieser Skandal vereint so viele Aspekte des Themas »Ausgereizt«, dass er fast schon als eine Art zusammenfassendes Beispiel betrachtet werden kann.

Im zweiten Kapitel ging ich darauf ein, dass sich besonders in der Automobilbranche ein fragwürdiges Streben nach Gewinn und schierer Größe, die ausschließlich an Absatzzahlen gemessen wird, breitgemacht hat. Diesem Streben werden alle anderen Werte im geschäftlichen Miteinander untergeordnet. Ähnliches lässt sich im Finanzbereich und im Gesundheitswesen beobachten, auch auf die Situation von Selbstständigen hat diese Haltung Einfluss. Ein Denken, das nur noch auf Gewinn- und Umsatzsteigerungen ausgerichtet zu sein scheint, breitet sich offensichtlich immer weiter aus. Beispiele gibt es genug, doch die VW-Abgas-Affäre bildet einen (vorläufigen?) Höhepunkt.

VW ist die Nummer eins der Autobauer, aber zu welchem Preis?

An der Spitze des Autobauers stand im Herbst 2015 der Konzernchef Prof. Dr. Martin Winterkorn, der fünf Tage nach der ersten öffentlich bekannt gewordenen »Notice of Violation« den Aufsichtsrat darum bat, seinen Vertrag als Vorstandsvorsitzenden der VW AG aufzuheben. Noch im Oktober 2014 hatte Winterkorn verkündet, dass er VW bis zum Jahr 2017 zur Nummer eins der Branche machen und dabei über 5 Milliarden Euro einsparen wolle.[71] Im Frühjahr 2015 schien dieses Ziel erreicht. Doch im September 2015 erschütterten die drohenden Klagen in den USA den Konzern erneut so sehr, dass dieser mühsam erarbeitete Platz an der Spitze der Automobilbranche wieder infrage gestellt wurde. Im Januar 2016 berichtet das *manager magazin*: »Im Zuge der Abgasmanipulationen hat das US-Justizministerium Volkswagen verklagt. Hat die Zivilklage Erfolg, drohen dem Wolfsburger Konzern Strafzahlungen in Höhe von bis zu 90 Milliarden Dollar.«[72]

Blickt man auf die Geschichte der Volkswagen AG in den letzten 20 Jahren zurück, stellt sich unwillkürlich eine Frage: Hat Volkswagen nichts dazugelernt? Den Konzern scheint ein Skandal nach dem anderen zu erschüttern: die López-Affäre, der Korruptionsskandal des Jahres 2005 und nun die Abgas-Affäre. Es scheint, als haben die Vorfälle zu keinem Umdenken geführt beziehungsweise nur halbherzige Konsequenzen nach sich gezogen.

Das Fatale daran – und zugleich eine traurige Erkenntnis – ist jedoch, dass VW kein Einzelfall ist. Es lassen sich im Alltag viele Beispiele finden, bei denen man sich fragt, ob das allgemeine Geschäftsgebaren vielleicht eine Grenze erreicht hat, wenn sie nicht gar schon überschritten wurde. Ist das Thema »Gewinnmaximierung« ausgereizt?

Der Preis ist oft das einzig bestimmende Argument, alle anderen Werte, die ein Produkt, eine Dienstleistung oder auch eine Haltung ausmachen können, werden dem nachgeordnet. VW kann als Indikator dafür stehen, was in unserer Gesellschaft derzeit alles schiefläuft.

Um zu veranschaulichen, was genau außer Kontrolle geraten ist, kann ein weiteres Beispiel dienen: die Deutsche Bahn. Vermehrt sind in den letzten Jahren Probleme bei der Klimatisierung von Zügen aufgetreten. Seit Anfang des neuen Jahrtausends heißt es im Sommer regelmäßig: Wieder einmal sind die Klimaanlagen in den Zügen ausgefallen! Bereits 2003 meldete n-tv in einem Onlineartikel, dass besonders in den ICE-3-Zügen, die auf der damals neu eröffneten und hochmodernen Hochgeschwindigkeitsstrecke Frankfurt–Köln verkehrten, die Klimaanlagen ausfielen. Bei diesem Bahntyp betraf es den gesamten Zug. Die Klimaanlagen werden im ICE 3 zentral gesteuert und nicht wie in den vorigen Baureihen in jedem Waggon einzeln.[73]

Defekte Klimaanlagen in Zügen – Service für Kunden sieht anders aus.

Bis heute scheint das Problem nicht gelöst zu sein. Man gewöhnt sich als Bahnkunde langsam daran, dass es eher die Regel ist, in überhitzten (oder zu kalten) Abteilen zu sitzen, statt in solchen, die angenehm temperiert sind. Auch Ausfälle durch Hitzeschäden an den Gleisen sorgen häufiger für Schlagzeilen.[74] Züge müssen umgeleitet werden, manchmal auf Bahnhöfe, die einer solch plötzlichen Kapazitätssteigerung nicht gewachsen sind. Das ist gewiss nicht im Sinne der Kunden.

Angesichts solcher Meldungen kommt Verwunderung auf: Warum ist das so? Sind die Sommer in Deutschland heißer geworden? Hat sich die Natur in den letzten 15 oder 20 Jahren so verändert, dass derartige Dinge nicht mehr kontrollierbar sind?

Die Pressemeldungen und die allgemeine Stimmung in der Bevölkerung sprechen dagegen: Man hat den Eindruck, dass

Sommerwetter werde eher unfreundlicher als besser, sprich wärmer. Dennoch gilt es als Tatsache, dass die Wetterextreme zugenommen haben. So zitierte die *Welt* im März 2012 die Klimaforscher Dim Coumou und Professor Stefan Rahmstorf vom Potsdam-Institut für Klimafolgenforschung (PIK): »Viele Hinweise, darunter statistische Analysen von Beobachtungsdaten und Klimamodelle, deuten darauf hin, dass Extremereignisse – vor allem Hitzewellen und Niederschläge – in einem wärmeren Klima stark zunehmen und dies bereits getan haben.«[75]

Wenn Extreme Normalität werden, müssen die Planungen entsprechend geändert werden.

Sicher klingt diese Feststellung im ersten Augenblick wie eine Entschuldigung für die Bahn, da sie beziehungsweise ihre Technik in diesem Fall den Wetterextremen ausgeliefert ist. So ist es jedoch nicht. Denn wenn bekannt ist, dass sich die Extreme häufen, kann – nein, muss – das bereits präventiv in die Planung einbezogen werden. Dass das möglich ist, zeigt beispielsweise ein Blick nach Spanien, wo ebenfalls Hochgeschwindigkeitszüge fahren, und zwar auch im heißen spanischen Sommer.

Wie gut man sich von technischer Seite her auf extremes Wetter vorbereiten kann, habe ich kürzlich selbst erfahren: Ich besuchte einen Bekannten in den Bergen. Es war Anfang Herbst. Wir machten eine kleine Wanderung und sahen, wie schon die Wintersaison vorbereitet wurde. Mechaniker standen an Schneekanonen und Pistenbullys und überprüften die Geräte. Scherzhaft rief ich ihnen zu, ob sie keine Angst hätten, dass die Geräte im Winter ausfallen könnten. Sie verneinten das, und ein Mechaniker winkte mich heran. Er zeigte mir die Technik dieser Apparaturen und erklärte mir, da sich in einigen Anlagen Sensoren und Computersteuerung befänden, müssten diese so beschaffen sein, dass sie Eis, Schnee, Wind und Temperaturen bis weit unter minus 40 Grad aushalten. Der Betrieb muss auch bei extremen Bedingungen gewährleistet sein.

Mir fiel sofort die Problematik der Züge der Deutschen Bahn wieder ein. Wieso ist es auf der einen Seite möglich, technisches Gerät wie einen Pistenbully extremwettertauglich zu machen, und auf der anderen Seite hat die Bahn die immer gleichen scheinbar unlösbaren Probleme mit ihren Klimaanlagen? Und das, obwohl bekannt ist, dass Wetterextreme keine Ausnahme mehr sein werden, und obwohl die Bahn eine sehr wesentliche infrastrukturelle Rolle spielt? Wird hier am falschen Ende gespart in dem Vertrauen, dass es schon nicht so arg kommen wird wie prognostiziert?

Früher hat es ebenfalls Extreme beim Wetter gegeben. Zugegeben, sie traten nicht so häufig auf wie heute. Dennoch ging man damit anders um. Die Haltung war eine andere. Tauchte ein Problem auf, so wurde nach Lösungen gesucht, um es zu beheben. Heute hat es den Anschein, dass sich trotz neuester Technologien, Simulationsprogrammen und Analysen die Ausfälle und Pannen häufen.

Oft scheint die Technik mit ganz normalen Situationen überfordert zu sein.

Was die Bahn und die VW-Affäre miteinander verbindet, sind meines Erachtens von der Konzernführung verordnete Einsparungen bei der Verbauung von Material und Einzelteilen. Man möchte sparen, um den Gewinn nicht nur zu halten, sondern ihn kontinuierlich zu maximieren – und da man schon seit Jahren, ja, Jahrzehnten so verfährt, bleibt nicht mehr viel Spielraum. Dass es sich bei dieser Strategie um eine Sackgasse handelt, könnte jeder Landwirt bestätigen. Kein Wachstum geht stetig nur nach oben. Landwirte wissen, dass es gute Jahre mit Rekordernten gibt und dann wieder Jahre, in denen der Ernteertrag mager ausfällt. In der Wirtschaft ist das ebenso bekannt. Der russische Wirtschaftswissenschaftler Nikolai D. Kondratieff beschrieb, dass die Weltkonjunktur Schwankungen unterliegt und in Wellen verläuft: den Kondratieff-Zyklen.[76] Ein kürzlich dafür entwickelter Begriff dafür ist »Plateauing«. Doch diese Zusammenhänge scheinen vielen völlig unbekannt zu sein.

Im Namen des maximalen Gewinns findet groß angelegter Betrug statt.

Mittlerweile geht es ans Eingemachte: Kleinere Bauteile, wie Dichtungen für Fensterheber, sind nicht mehr das Ziel der Einsparungen, stattdessen werden Vorschriften unterlaufen und manchmal sogar gezielt ignoriert oder wissentlich umgangen, um bloß nicht das teurere Teil einbauen zu müssen, was den Preis für die Herstellung des Produkts in die Höhe treiben und damit die eigene Gewinnspanne mindern würde. Im Herbst 2015 weisen die ersten Ermittlungen der US-Behörden darauf hin, dass genau so ein Verhalten zur VW-Abgas-Affäre geführt haben könnte.

Als ich noch in der Zulieferindustrie der Automobilbranche gearbeitet habe, wurden bei der Konstruktion von Autos Überlegungen angestellt, welche Belastungen das fertige Produkt letztendlich aushalten muss. Betrachtet man alle möglichen Ereignisse und Fährnisse, denen ein Fahrzeug wahrscheinlich ausgesetzt sein wird, entsteht eine glockenförmige Kurve, die sogenannte Gaußsche Normalverteilungskurve, die zu Beginn ihres Verlaufs sowie zu ihrem Ende hin gegen Null tendiert. Ihren Scheitelpunkt hat diese Kurve etwa in der Mitte, was in diesem Fall bedeutet, dass das Eintreffen der dort liegenden Ereignisse als sehr wahrscheinlich eingestuft wird.

Normalverteilungskurve

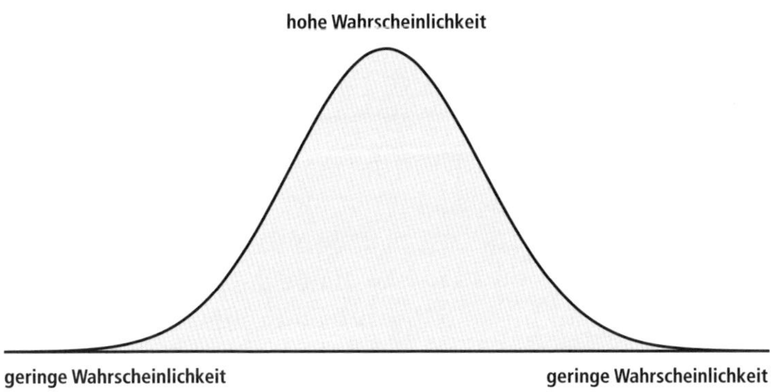

Das lässt sich gut am Beispiel der Klimaanlagen-Ausfälle der Bahn erläutern: Erstellte man von den Temperaturen, die eine solche Anlage im Laufe ihres Lebens wahrscheinlich aushalten muss, eine Glockenkurve, dann würden sich sommerliche Temperaturen zwischen 35 und 40 Grad Celsius oder gar höher sicher am niedrigen Randbereich einer solchen Kurve befinden. Schließlich sollen die Züge in Deutschland fahren, einem mitteleuropäischen Land mit gemäßigtem Klima. Hier sind extreme Temperaturen seltener zu erwarten wie beispielsweise in Russland oder Spanien.

Dennoch würde der gesunde Menschenverstand wohl dazu raten, dass man bei der Verbauung einer Klimaanlage auch mit solchen Temperaturen rechnen sollte. Auch hierzulande gibt es Ausreißer, jeder von uns hat schon mal Temperaturen von 40 Grad in der prallen Sonne oder zweistellige Minusgrade im Januar bei Schnee und Eis erlebt. Es liegt auf der Hand, dass Klimaanlagen auch und gerade dann für angenehme Temperaturen im Abteil sorgen müssen. Die Bauteile sollten also auch extreme Temperaturen aushalten können.

Doch bei den Klimaanlagen drängt sich der Eindruck auf, die flacheren Randbereiche der Kurven seien gewissermaßen »abgeschnitten« – also bei der Herstellung nicht berücksichtigt – worden. Vielleicht, um billiger produzieren zu können?

Diese Vermutung drängt sich förmlich auf. Dabei entstehen durch solche Kurzsichtigkeiten letztlich durchaus zusätzliche und bisweilen unkalkulierbare Kosten, wie sich bei der Bahn gezeigt hat. So verklagte eine Frau, deren Zug auf öffentlicher Strecke im Jahr 2003 in der Mittagshitze mit defekter Klimaanlage stehenblieb, die Deutsche Bahn auf Schadenersatz. Sie erlitt wegen der im Inneren des Waggons immens ansteigenden Hitze einen Kreislaufkollaps. Genauso werden die Ausfälle und Entschädigungen, die den Reisenden im Falle einer Umleitung erstattet werden müssen, scheinbar billigend von der Bahn in Kauf genommen, statt Klimaanlagen verbauen zu lassen, die auch bei verhältnismäßig extremen Temperaturen einwandfrei funktionieren.

»Es ist auch die Gier nach Ruhm, nach Anerkennung. Man steht fassungslos davor und sieht doch immer wieder, wie das endet. VW wird am Ende nicht mehr das sein, was es war.«

Wolfgang Schäuble, Bundesminister (CDU),
zur Manipulation von Abgaswerten bei VW-Dieselmotoren

Zurück zu Volkswagen: 90 Milliarden Dollar. Nur für Strafzahlungen an das US-Justizministerium. Hinzu kommen weitere Strafzahlungen in den USA, Umrüstung der Autos, Klagen von Kunden und Anlegern, Anwaltskosten – und mit jedem Tag wird die Summe größer.

Doch es scheint, als seien diese Kosten zur Entschädigung oder Reparatur der Schäden, die durch Nachlässigkeiten und Einsparungen beim Bau von Geräten, Fahrzeugen oder anderen Dingen entstehen, von vornherein einkalkuliert. Man könnte sogar glauben, es käme die Unternehmen billiger, Entschädigungen auszuzahlen, als in die Werthaltigkeit ihrer Produkte zu investieren.

Entschädigung, Reparatur oder Ersatz sind einkalkulierte Kosten.

Bei VW kalkulierte man das Risiko der falschen Werte offenbar ein. Im Oktober 2015 haben sich die US-amerikanische FTC, die amerikanische Handelskommission, die EPA und das US-Justizministerium für genauere Untersuchungen zusammengeschlossen. Für die EPA steht fest, dass die Prüfsoftware, die die Abgaswerte in der Werkstatt untersuchen soll, manipuliert wurde. Sie erkennt die Prüfungssituation, da sich dann zwar die Räder bewegen und der Motor mit entsprechender Drehzahl läuft, der Wagen jedoch nicht »unter Last steht«. Die Räder drehen sich quasi im Leerlauf, wobei nur geringe Leistung erbracht wird. In diesem Fall werden die kritischen Stickstoffwerte automatisch gesenkt, sodass sie den von der Umweltbehörde geforderten Werten entsprechen, obwohl sie diese in der realen Fahrsituation überschreiten – der Schadstoffausstoß ist dann viel höher.

Wenn die Vermutungen der EPA der Wahrheit entsprechen, dann ist nicht nur der finanzielle Schaden für den VW-Konzern immens, sondern auch der Ruf von VW ist in den USA, wenn nicht gar weltweit beträchtlich geschädigt – und der der deutschen Wirtschaft insgesamt gleich mit. Welche Auswirkungen das hat, wird sich noch zeigen. Doch das Vertrauen der Kunden ist weg. Schon heute glaubt die Mehrheit der von *auto motor und sport* befragten Leser, die gesamte Autoindustrie manipuliere Werte.[77] Auf dem US-amerikanischen Markt tun sich ausländische Wagen traditionell schwer, dort hat VW nun besonders schlechte Karten. Obwohl das Problem von der US-Umweltbehörde schon lange vor dem September 2015 klar benannt worden war, hatte sich der Konzern bis Ende Oktober 2015 nicht klar geäußert, wie, ob überhaupt und in welchem Zeitrahmen die Autos nachgerüstet werden können.[78]

Nach dem heutigen Stand begann das Problem bereits im Jahr 2006. Damals zeichnete sich ab, dass der Pumpe-Düse-Dieselmotor, VWs Garant für niedrige Verbräuche, die zukünftigen Emissionsgrenzen nicht mehr schaffen würde. Der neue EA189-Dieselmotor, später auch als 2.0 TDI bekannt, sollte den Weg in eine neue Dieselmotoren-Ära ebnen. Man suchte nach einer Katalysatorentechnik, um den Stickoxid-Ausstoß des EA189 zu begrenzen. Zu diesem Zeitpunkt stand fest, dass mit diesem Motor der US-amerikanische Automarkt, der kein traditioneller Markt für Dieselfahrzeuge ist, erobert werden sollte. Der Diesel galt bis dato in den USA als schmutzig und wurde von den Pkw-Käufern gemieden. Es war auch bereits klar, dass die US-Abgas-Normen wesentlich strenger werden sollten. Teile des VW-Managements plädierten damals für die besonders effiziente SCR-Anlage mit Harnstoffeinspritzung, die in der Lage war, die geplanten rigorosen Richtlinien einzuhalten. Die Gegner des Vorschlags im VW-Management warnten vor zu hohen Kosten. Sie favorisieren den günstigeren NOx-Speicherkat. Namhafte deutsche Automobilhersteller schlossen sich in jenen Tagen zusammen und riefen die »Clean-Diesel-Offensive« in den USA unter dem Schlagwort »Bluetec« aus.[79]

2007, inzwischen war Martin Winterkorn von Audi zu VW nach Wolfsburg gewechselt, kam der EA189 als Euro-5-Diesel in der neuen Baureihe Tiguan auf den Markt – mit dem Versprechen, »sauberster Diesel aller Zeiten« zu sein. Bereits zu diesem Zeitpunkt wurde dem Management bewusst, dass mit dem NOx-Speicherkat die neue US-Emissionsnorm, LEV II BIN 5, nicht erfüllt werden konnte. Die Lösung für das Problem fanden Ingenieure schließlich in der Software, die sich in der Motorsteuerung befindet. Diese erkennt Prüfstandsituationen, damit Autos mit ESP auf stationären Rollenanlagen sicher getestet werden können. Das ESP würde sonst eine Fehlermeldung anzeigen, da sich die Vorderräder drehen, die hinteren nicht.[80]

Moderne Motoren haben bis zu 100 Millionen Zeilen Programmcode – mehr als bei einer Boeing 787.

Die technischen Voraussetzungen, um zu erkennen, wann sich ein Auto auf dem Prüfstand befindet, waren also gegeben. Das nutzte man bei VW, um die Motorsteuerung zu manipulieren. Es ist so gut wie unmöglich, die Manipulation aus codierten Steuerungsgeräten abzulesen. Zum Vergleich: In modernen Autos befinden sich bis zu 100 Millionen Zeilen Programmcode – mehr als bei einer Boeing 787.[81]

2011 führte VW die US-Version des Passats, der schließlich doch mit der teureren SCR-Technik ausgestattet wurde, auf dem amerikanischen Markt ein. Drei Jahre später erschien eine Studie der Universität West Virgina, die Dieselfahrzeuge analysierte. Das Ergebnis: Im Schnitt stießen alle Diesel, darunter auch die von VW, siebenmal mehr NOx aus, als es selbst die EU-6-Norm erlaubt. Beim US-Jetta lagen die Werte zwischen dem 15- bis 35-fachen über der Norm. Die amerikanische Umweltbehörde (EPA) verlangte eine Erklärung von VW. Der Konzern nannte Probleme in der Software als Grund und startete eine freiwillige Rückrufaktion für knapp 500 000 Pkw, doch damit war das Problem nicht gelöst. Im Gegenteil, auch im Heimatland des Autobauers wurden fragwürdige Abgaswerte gemessen. Hinzu kamen im April 2015 Machtkämpfe zwischen Piëch und Winterkorn.[82]

Im Juli konfrontierte die EPA VW mit neuen bestätigenden Messergebnissen. Schon rund eine Woche nach der »Notice of Violation« der EPA an VW meldete die Onlineausgabe des

Spiegels, bereits 2007 habe Software-Zulieferer Bosch den Automobilkonzern davor gewarnt, die Technik so zu verwenden, wie es letztendlich geschah, sei dies doch illegal.[83] Am 18. September 2015 fand der bereits seit knapp zehn Jahren schwelende Skandal seinen Höhepunkt: Zur Automesse IAA wurden die Manipulationen einer breiten Öffentlichkeit bekannt gemacht. Der Aktienwert von VW fiel innerhalb kürzester Zeit um 20 Milliarden Euro.[84]

> **»Es hätte VW übrigens nur 300 bis 500 Euro pro Fahrzeug gekostet, um damit die strengen Abgasnormen in den USA einzuhalten.«**
>
> Jens Katermann, Chefredakteur der *auto motor und sport*[85]

Wie man es auch dreht und wendet: Der Schaden in solchen Fällen ist immens. VW hat sich in seinem Bemühen, möglichst billig herzustellen und möglichst teuer zu verkaufen, selbst ein Bein gestellt. Eine ganz andere Frage drängt sich in diesem Zusammenhang jedoch ebenfalls auf: Wie konnte es überhaupt erst so weit kommen, dass ein Konzern wie VW es auf einem so Dieselskeptischen Markt wie den USA über ein halbes Jahrzehnt lang fertigbrachte, die Behörden zu täuschen? Vertrauen wir alle zu sehr den neuen technischen Möglichkeiten? Stellen viele ihren Verstand einfach ab?

Der Verdacht liegt nahe – in Fahrzeugen misst man den Schadstoffausstoß lieber mit einer Software, die im Fahrzeug selbst eingebaut ist, statt die Werte mit einem neutralen Messgerät zu ermitteln. So war es überhaupt erst möglich, dass die an sich sinnvolle Technik dem eigenen Gewinnstreben angepasst und entsprechend manipuliert wurde. Doch warum gibt eine Behörde die Kontrolle der Schadstoffe, die bei der Verbrennung von Kraftstoff in einem Fahrzeug entstehen, an den Hersteller genau dieser Fahrzeuge ab? Das scheint völlig widersinnig zu sein. Eine

Redensart scheint hier perfekt zu passen: Der Bock wird zum Gärtner gemacht. *Ams*-Chefredakteur Jens Katemann zieht Bilanz, und so sind 65 Prozent der von *auto motor und sport* befragten Leser der Meinung, »die Behörden hätten ihre Aufsichtspflicht nicht ausreichend wahrgenommen: ein vernichtendes Urteil.«[86]

Vertrauen in die Technik macht Manipulation erst möglich.

Die Technik schreitet fort und vereinfacht vieles. Umso anfälliger für Manipulation scheint sie allerdings zu werden. Dennoch vertrauen wir ihr oft blind. Vereinfacht die Technik nicht nur unser Leben, sondern auch unseren Intellekt? Sind wir vor lauter Begeisterung darüber, dass die Technik uns Kompliziertes leichter macht, mittlerweile außerstande, einfache Betrugsmöglichkeiten zu erkennen? Es scheint, als verlernten wir, auf unseren gesunden Menschenverstand zu setzen. Wir unterscheiden nicht mehr zwischen Realität und Virtualität. Eine kritische Prüfung eines Sachverhalts sollte weitaus mehr sein als eine Softwarefunktion.

Jeder Mensch hat einen Intellekt, aber nicht jeder verhält sich intelligent.

Der Duden definiert »Intellekt« als »Fähigkeit, Vermögen, unter Einsatz des Denkens Erkenntnisse, Einsichten zu gewinnen; Denk-, Erkenntnisvermögen; Verstand«. Die Auseinandersetzung mit diesem Begriff geht bis in die Zeit von Platon und Aristoteles zurück. Intellekt beschreibt die Fähigkeit, etwas geistig zu erfassen. Ebenso steht Intellekt für die »Instanz« im Menschen, die für das Erkennen und Denken zuständig ist. Intellekt wird oft mit Intelligenz verwechselt. Einfach gesagt: Intelligenz ist genutzter Intellekt. Intellekt ist der Verstand oder das Denkvermögen allgemein. Intelligenz ist Einsicht, Auffassungsgabe, Klugheit etc. Jeder Mensch hat einen Intellekt, aber nicht jeder verhält sich intelligent.

Ohne Frage liegt bei all den beschriebenen ausufernden Verhaltensweisen, etwa denen, die zum Abgas-Skandal bei VW geführt haben, Intellekt vor. Doch ob sie auch intelligent sind, ist mehr als fraglich. Hat die Bereitschaft zu intelligentem Handeln in den letzten Jahren etwa abgenommen?

Ist es denn wirklich so intelligent, einem massenweise hergestellten Gerät mit fehlerhafter Software und veralteten Datensätzen mehr zu trauen als gesundem Menschenverstand und eigener Erfahrung? Oft hört man von Lkws, die durch ihr Navigationsgerät buchstäblich in die Enge getrieben werden. Die Fahrer folgen den Anweisungen des Geräts, ohne zu reflektieren, ob die Straße, die ihnen empfohlen wird, überhaupt für einen großen Sattelzug geeignet ist. Wenn der Lkw dann komplett in einer engen Gasse steckenbleibt, es weder vorwärts noch rückwärts geht, erst dann wird die Fehlinterpretation der Navigation erkannt, und es muss Hilfe geholt werden.

In den Alpen greift die Bergwacht manchmal sogar Wanderer auf, die sich trotz GPS verirrt haben. So erzählte mir ein Bergführer, dass einige Berg-Enthusiasten grundsätzlich lieber dem vom GPS-System vorgegebenen Weg folgen, statt im Zweifelsfall umzukehren oder eine alternative Route einzuschlagen. Er schilderte mir einen Fall, in dem Wanderer einem Weg weiter gefolgt sind, obwohl dieser wegen Steinschlags und einer offensichtlichen Schlammlawine unpassierbar war. Sie verirrten sich dann im Gelände und mussten schließlich einen Notruf absetzen. Die Frage, ob sie die Warnschilder gesehen hätten, bejahten die geretteten Wanderer, fügten jedoch hinzu, das Navi habe ihnen den Weg angezeigt, ohne Gefahren zu melden. Das scheint kein Einzelfall zu sein. Der Bergführer versicherte mir, andere Bergführer hätten ihm von ähnlichen Vorfällen berichtet.

Sicher kennen Sie auch die urbane Legende von einem Mercedes-Fahrer, der in den Rhein fuhr. Sein GPS hatte einen befahrbaren Damm angezeigt, obwohl dieser vom letzten Hochwasser beschädigt worden war – diese Information war noch nicht in das System eingegeben worden. Ein Blick aus dem Fenster, also ein intelligentes Abgleichen mit den tatsächlichen Gegebenheiten, beugt solchen Situationen vor.

Blindes Vertrauen in digitale Technik macht uns zu Opfern.

Ich wurde ebenfalls »Opfer« einer fehlerhaften digitalen Anzeige. Mir wurde in dieser Situation jedoch nach einigem Überlegen klar: »Hier stimmt etwas nicht!« Ich fuhr damals für einen Tag einen Smart, den man mir als Ersatz angeboten hatte, da mein Auto in der Werkstatt war. Ich war darauf hingewiesen worden, dass ich den Wagen bitte vollgetankt wieder zurückgeben möge. So stand es auch im Mietvertrag, den ich unterschrieben hatte.

Nachdem ich einen Geschäftstermin etwa 50 Kilometer von meinem Heimatort entfernt wahrgenommen hatte, fuhr ich zurück und wollte den Wagen volltanken, um ihn ordnungsgemäß wieder abzugeben. Doch als an der Tankstelle die Zapfpistole absprang, was darauf hinwies, dass der Tank voll war, war die elektronische Anzeige auf dem Armaturenbrett des Smart immer noch zwei Striche von »voll« entfernt. Ich tankte also mehrfach nach – bis nichts mehr ging, folgerte jedoch zugleich, dass möglicherweise die Tankanzeige defekt war. Ich zahlte schließlich für 15 Liter Benzin, was diesen Verdacht erhärtete. Ich konnte mir nämlich nicht vorstellen, dass ein solcher Kleinwagen auf gerade mal 100 Kilometern so viel Kraftstoff verbraucht hatte. Beim Abgeben des Autos wollte ich darauf hinweisen.

Doch entgegen meinen Erwartungen entspann sich zwischen der Buchhalterin der Werkstatt und mir ein längerer Dialog. Sie glaubte mir nicht, dass die Tankanzeige des Smart einen Fehler haben könnte. Ihrer Ansicht nach musste ich eben so viel Benzin verfahren haben. Die Tatsache, dass ein Smart ganz sicher keine 15 Liter auf 100 Kilometer verbraucht, schien sie dabei nicht zu beeindrucken. Auch ein auf meinen Wunsch hinzugezogener Mechatroniker glaubte mir nicht: Die Tankanzeige stand zwei Striche unter dem vollen Maß – also musste ich mehr verbraucht haben! Meine eingetragene Kilometerzahl war sicher verkehrt. Oder vielleicht hatte auch (welch ein Zugeständnis!) eine Mitarbeiterin beim Vormieter des Leihautos die Daten falsch eingetragen. Es konnte auf keinen Fall an der Software liegen!

Wer beherrscht noch die Überschlagsrechnung?

Erst als der Werkstattchef hinzukam, klärte sich das Missverständnis. Er bestätigte beim Anblick des Autokennzeichens sofort, dass bei diesem Wagen ein Fehler bei der Tankanzeige vorliege. Das sei schon bekannt. Der Wagen müsse wirklich einmal in die Werkstatt. Automatisch fragte ich mich, wie viele Benutzer dieses Leihwagens wohl schon unnötiges Geld fürs Tanken ausgegeben hatten und wo der kleine Smart diesen Kraftstoff wohl verstaute, und erlaubte mir außerdem einen Kommentar: Da sei es doch von Vorteil, dass der Wagen es nicht sehr weit zur Werkstatt habe.

All diese Beispiele zeigen, dass die meisten Leute der Technik heute in vielen Situationen mehr glauben als dem, was sie gelernt haben oder was der Verstand als richtig erkennt. Ich erinnere mich, dass ich damals in der Grundschule zusammen mit den Grundrechenarten auch beigebracht bekam, vor der genauen Berechnung einen Überschlag zu machen. Damit konnte man hinterher die Lösung der Rechnung vergleichen und das Ergebnis verifizieren. Auf diese einfache Weise stellte man sicher, dass das errechnete Ergebnis korrekt war.

Diese Methode bietet sich nicht nur bei Rechenaufgaben an. Die Angewohnheit, einen »Überschlag« der eigentlichen Aufgabe voranzustellen, also einen »Plausibilitätscheck« durchzuführen, gewährleistet ebenso auf anderen Gebieten eine Art Kontrolle. Im Falle der richtigen Lösung ist ein Ergebnis dadurch doppelt gesichert. Ist diese Kunst des Reflektierens, des »Überschlagens«, im Zuge der Digitalisierung verloren gegangen?

Schnelles Denken spart Energie, aber ist es der intelligentere Weg?

Der israelische Psychologe Daniel Kahneman beschäftigt sich in seinem Buch *Schnelles Denken, langsames Denken* mit diesem Problem.[87] Kahneman, der für eine andere Forschungsarbeit im Jahr 2002 den Wirtschafts-Nobelpreis erhielt, geht darin der Frage nach, wie Fehler wie die, die in diesem Kapitel beschrieben wurden, – oder besser: die dahinterstehende Denkweise – überhaupt erst entstehen können.

Er stellt dabei fest, dass sich das menschliche Denken in zwei Arten aufteilen lässt: Zum einen gibt es das schnelle Denken (System I). Es ist schnell, automatisch, immer aktiv, emotional und vor allem unbewusst. Dann gibt es laut Kahneman auch noch das langsame Denken (System II). Es ist eben langsam, anstrengend, selten aktiv, logisch, berechnend und bewusst. In seinem Buch beschreibt Kahneman mehrere zum Teil sehr einfache Experimente, die die Unterschiede zwischen beiden Denkweisen eindrücklich belegen und gleichzeitig auf einfache und schnelle Art und Weise zeigen, dass die beiden Arten zu denken oft auch zu verschiedenen Ergebnissen führen.

Das schnellere Denken reagiert leichter auf Reizworte und kategorisiert die Sachverhalte aufgrund dieser, statt sie genauer zu betrachten und sie erst danach zu beurteilen. Die »kognitive

Leichtigkeit«[88], mit der das geschieht, fördert, so Kahneman, bestimmte durchaus unrealistische Denkweisen.

Wie die Beispiele indizieren, scheint dies heute in unserer Gesellschaft zunehmend der Fall zu sein. Der oben angesprochene Plausibilitätscheck, der seinen Anfang in der in der Grundschule eingeübten Überschlagsrechnung hat und im weitesten Sinne das Hinterfragen eines offensichtlich scheinenden Sachverhalts darstellt, ist natürlich vergleichsweise anstrengend. Er nimmt mehr Zeit in Anspruch als das »schnelle Denken«, erfordert Berechnungen und muss bewusst vorgenommen werden.

Ein weiteres gutes Beispiel dafür, dass Sachverhalte kaum hinterfragt werden, kann Thomas, ein Freund von mir, liefern. Er verantwortete die Marktforschungsabteilung in einer Werbeagentur. Eines Tages erhielt seine Agentur den Auftrag, in einer Stadt eine empirische Untersuchung durchzuführen. Neben Fragen zu bestimmten Themen sollte auch gleich eine Statistik erstellt werden. Angaben zu Geschlecht, Alter, Familienstand, Ausbildung, Beruf, Einkommen und so weiter wurden erfasst, ausgewertet und in Kategorien abgebildet. So sollte auch die Repräsentativität der Befragung und der Studie gewährleistet und für den Auftraggeber belegt werden.

Während seiner Studienzeit hatte Thomas das Fach statistische Berechnungen belegt und dabei gelernt, seine Ergebnisse ohne Hilfsmittel und nur mit dem Taschenrechner nachzuprüfen. Er machte es sich deshalb auch in seinem Beruf zur Gewohnheit, immer stichprobenartig die Ergebnisse des eingesetzten Programms überschlägig zu überprüfen. Bei diesem Auftrag verlief zunächst alles wie immer. Die Interviewer befragten die Bevölkerung damals noch per »Pencil-and-Paper-Methode«, die Fragebögen wurden dann in die Agentur gebracht und die Ergebnisse wurden mühsam von Hand eingegeben, bevor der Computer die diversen Berechnungen vollzog. Thomas schaute sich abends die ausgedruckten Ergebnisse an. Dabei entdeckte er Erstaunliches:

Schon das Zahlenverhältnis zwischen männlichen und weiblichen Befragten passte so gar nicht zu den Zahlen des Einwohnermeldeamtes der Stadt. Wieder und wieder rechnete er nach, doch er kam immer zu dem gleichen – offenbar falschen! – Ergebnis.

Das ließ ihm keine Ruhe. Er wollte überprüfen, wie es zu diesen Zahlen kam. Er folgte am nächsten Tag inkognito seinen Umfragehelfern – und traf eine der Gruppen dabei, wie sie es sich in einem Café gemütlich machte. Bei Cappuccino und Cola füllten die Umfragehelfer selbst die Fragebögen aus.

Hätte Thomas den Ergebnissen blind vertraut, wären die Ergebnisse dieser Statistik massiv verfälscht worden, ohne dass es jemandem aufgefallen wäre. Thomas war und ist es noch heute gewohnt, selbst nachzufragen und die Ergebnisse zu verifizieren. Doch nicht jeder handelt wie Thomas. Statistiken wird blind vertraut, Ergebnisse werden selten hinterfragt und einfach hingenommen.

Und nicht zuletzt sind es die zunehmend verbreiteten elektronischen Hilfsmittel, die regelrecht dazu einladen, das anstrengende Hinterfragen einfach zu unterlassen. Apps auf Smartphones, die kleinen Computern gleichen und längst viel mehr können als nur telefonieren, nehmen uns Arbeit ab, und vielleicht auch das Denken. Das Denken des »Systems II« wird vernachlässigt.

Wir verlernen durch Technik, komplexe Aufgaben selbst zu lösen.

Zugleich nimmt die Komplexität der alltäglichen Probleme zu. Sie werden dadurch immer öfter als unlösbar empfunden. Es wird nur noch in eine Richtung gedacht, und zwar in die, die uns die Maschinen vorgeben. Das komplizierte, mehrdimensionale langsame Denken wird oft nicht einmal mehr versucht, da der einfache Lösungsweg ja naheliegt: Frage eingeben, bestätigen, und automatisch wird das (gewünschte) Ergebnis präsentiert – zum Beispiel die Abgaswerte eines Autos, siehe VW-Skandal.

Dass die Ergebnisse, die so ermittelt werden, vielleicht gar keine Lösungen sind – oder nur zu kurz gedachte, solche, die das Problem nur kurzfristig verschieben und es in Wahrheit ungelöst lassen –, das scheint dabei gar nicht bedacht zu werden. Über den Horizont, den Tellerrand oder die Schreibtischkante wird nicht mehr hinausgedacht. Doch mit dieser Haltung ist es unmöglich, ein Problem auch mal von der anderen Seite her zu betrachten. Vielleicht finden sich die Antworten auf so manche Fragen ja auf einem anderen als dem scheinbar »leichten« Weg?

Doch statt nach diesen anderen Wegen zu suchen, wird das Vorhandene weiter optimiert, und das, obwohl bei diesem Ansatz der Problemlösung das Ende der Fahnenstange gewissermaßen abzusehen ist. Auch hier kann der VW-Skandal als Paradebeispiel für die Problematik dienen: Der Konflikt mit den strengen Abgasnormen war bekannt. Statt die Schwachstelle jedoch spätestens 2014 offensiv zu beheben, wurde lediglich die Software »optimiert«.

Neuerungen sind unbequem, also lieber in der Komfortzone bleiben!

Schon jetzt sind viele Menschen nicht mehr in der Lage, Situationen aus verschiedenen Blickwinkeln zu betrachten. Das ist, wenn man so will, ein Verleugnen der Realität. Erst letzthin habe ich das bei einem meiner Berateraufträge miterlebt. Ich sollte für einen Unternehmensbereich einer Klientin ein Maßnahmenpaket für mehr Umsatz und mehr Gewinn erarbeiten. Nach einigen Terminen hatten wir drei einfache Maßnahmen zusammengestellt, die für die Mitarbeiter dieses Bereichs jedoch einige Umstellungen bedeutet hätten. Die Empfehlungen waren alle machbar und gesetzeskonform. Sie schienen also problemlos umsetzbar zu sein. Meine Klientin musste die Maßnahmen nur noch intern präsentieren und »verkaufen«.

Doch sie zauderte. Auf meine Frage hin, warum sie sich davor scheute, ihren Mitarbeitern, den »internen Kunden«, mit dem Maßnahmenkatalog gegenüberzutreten, antwortete sie mutlos: »Das bekomme ich nie durch!« Sie konnte sich nicht vorstellen, dass diese Maßnahmen, die für die Mitarbeiter, aber auch für die Manager des Unternehmens Neuerungen bedeutet hätten, angenommen würden.

Ich stutzte, hatten wir doch die Maßnahmen zusammen erarbeitet und dabei für gut und gewinnträchtig befunden. Erneut rechneten wir die Maßnahmen gemeinsam durch. Besonders zwei Maßnahmen versprachen in Summe einen Umsatzzuwachs von rund 350 000 Euro. Bei einem Gesamtumsatz des untersuchten Bereichs von rund 1,8 Millionen Euro würden gerade diese beiden speziellen Empfehlungen eine Umsatzsteigerung von rund 20 Prozent bedeuten, und das ohne Investitionen oder zusätzliche Fixkosten. Das ließ sich durch die vom Unternehmen gelieferten und die von der Klientin und mir ermittelten Zahlen hieb- und stichfest belegen. Eine der Maßnahmen ließe sich auch sofort umsetzen, ohne dass größere Anstrengungen nötig wären.

Und doch konnten oder wollten sich die Beteiligten offenbar kaum vorstellen, dass die erarbeiteten Maßnahmen greifen können, trotz der überaus günstigen Prognosen. Es hatte den Anschein, als wolle man lieber gewohnte Pfade gehen, die weniger Anstrengung bedeuteten, als sich auf neues Terrain zu begeben, was etwas Mut und Energie erfordert hätte. Es bleibt die Frage: Lag's an Feigheit oder Faulheit – oder beidem?

Durch ständiges Denken in Kahnemans »System I« beschränkt man sich selbst. Die Alternative dazu, das langsame Denken, bezeichnet Kahneman als logisch, berechnend, aber eben auch als selten aktiv und anstrengend. Es ist schneller, leichter und möglicherweise auch einfacher, auf die nächstliegende, weil bekannte Lösung zu vertrauen und alles beim Alten zu belassen. Beschränken wir also nicht nur uns selbst, sondern auch unseren eigenen Intellekt und in Folge unsere Intelligenz? Die Anzeichen mehren sich: Wir nehmen Abkürzungen beim Denken oder überlassen Entscheidungen gleich ganz der Technik. Dadurch steht sogar unsere Intelligenz, die uns ohne Frage Fortschritt beschert hat, mittlerweile auf dem Prüfstand.

Enttäuschender Einkauf – Wie wir uns gegenseitig austricksen

Wann ist ein Thema ausgereizt? In der Regel dann, wenn es keinen Spaß mehr macht, wenn es langweilig oder gar unerträglich wird. Mir persönlich geht das mittlerweile so beim Thema Auto. Oft habe ich in diesem Buch die Automobilbranche als Beispiel für Missstände oder fragwürdiges Verhalten verwendet. Immer wieder versucht man dort, sich gegenseitig die Butter vom Brot zu nehmen. Dass es mir gerade in diesem Bereich besonders auffällt, ist vielleicht dadurch bedingt, dass ich in dieser Branche jahrelang tätig war und noch bin. Ich bezeichne mich außerdem durchaus als »Autonarren«, doch ich muss gestehen, dass mir dieses einstige Hobby heute nur noch wenig Spaß macht.

Jahrelang erfreute ich mich an schönen Fahrzeugen der unterschiedlichsten Marken. Jahrelang begeisterte ich mich für Neuwagen, neue Entwicklungen rund ums Auto, fand Gefallen an den Innovationen, die alle paar Jahre Einzug hielten: ABS, Lenkrad-Airbag, Beifahrer-Airbag, Seiten- und Kopf Airbag, lernendes Automatikgetriebe, Sprachsteuerung, Softclose-Türen, vernetzte Navigationssysteme, Abstandsradar, Keyless-Go, Head-up-Display, Connectivity und Concierge Service und bald schon fahrerloses Fahren …

Das Thema Auto beschäftigt sehr viele Menschen, gleich ob beruflich oder privat. Nur sehr wenige Maschinen (denn nichts anderes ist ein Auto) üben eine solche Faszination aus und sind so »mit Emotionen aufgeladen«, wie Werbeleute es ausdrücken.

Nach wie vor werfe ich besonders schönen Autos einen Blick hinterher. Und doch hat sich etwas verändert. Sicher kann man das teilweise der Tatsache zuschreiben, dass sich mit zunehmendem Alter auch die Interessen verlagern, aber es ist noch etwas anderes, das mir die Freude am Fahren – und an Neuwagen – genommen hat: die geringere Qualität der neuen Fahrzeuge ab Werk und der erhöhte Service- und Wartungsaufwand. Hinzu kommt möglicherweise auch das Wissen, wie es in der Branche hinter den Kulissen zugeht.

Zu wissen, was hinter den Kulissen geschieht, trübt die Freude am Produkt.

Die Qualität der Waren und damit die Kundenzufriedenheit und das Vertrauen der Kunden werden in der Gleichung »billigere Herstellung = höhere Gewinnspanne« ignoriert. Das konnte ich in den letzten Jahren auch bei meinen Fahrzeugen feststellen: Moderne Autos führen eine Art Eigenleben. Je nach Fahrprofil oder Beanspruchung zeigt das Fahrzeug früher oder später sehr deutlich den dringenden »Wunsch« nach einer Inspektion, denn dann sind Software-Updates fällig, Bremsscheiben müssen ausgewechselt oder gerissene Motorlager ersetzt werden. Auch ansonsten sehr zuverlässige Fahrzeuge entpuppen sich plötzlich als anfällige Diven.

Viele Wagen sind heute offensichtlich nicht mit Blick auf die Qualität hergestellt und montiert worden, sondern der Fokus lag ganz darauf, so billig wie möglich einzukaufen und zu produzieren. Die Zahl der Rückrufaktionen hat erheblich zugenommen.

Häufig werden ganze Modellreihen zurückgerufen, um Schwächen abzustellen. Der Gewinn des Unternehmens, die Bewertung an den internationalen Börsen und durch die Aktionäre steht für die meisten Autobauer – und das gilt natürlich ebenso für viele Konzerne anderer Branchen – an oberster Stelle.

Mir zumindest wurde in den vergangenen Jahren durch langwierige, komplizierte Rückrufaktionen, durch schadhafte Software, aber auch durch etliche andere Mängel die »Freude am Fahren« verdorben. Manche dieser Fehler sind tatsächlich so klein, dass sich ein Termin in der Werkstatt nicht lohnt. Jedoch beeinträchtigen sie deutlich den Fahrspaß.

Mittlerweile bin ich dazu übergegangen, mir wieder »gut eingefahrene«, also gebrauchte und somit von »Kinderkrankheiten« bereits befreite Wagen zuzulegen. Bei ihnen sind Fehler absehbar und bekannt; die ersten und wichtigsten sind bereits von Fahrern gemeldet und von Fachleuten überprüft und abgestellt worden. In der Regel weiß ich, was ich bekomme, und muss mich nicht auf ein Vabanquespiel einlassen, das darin besteht, nie zu wissen, was als Nächstes kaputtgeht. Ich greife wieder auf Bewährtes zurück, auf das ich mich verlassen kann. Mein Vertrauen einem Produkt, einer Marke und vor allem seinen Markenbotschaftern, den Menschen gegenüber, wurde im Falle der Autos zu sehr strapaziert – bei mir ist es ausgereizt.

Konsequent werden Marken- und Produktversprechen gebrochen.

Neben Autos gibt es zahlreiche weitere Produkte, wie Fernsehgeräte, Waschmaschinen und Bekleidung, aber auch Dienstleistungen, wie beispielsweise Flug- oder Pauschalreisen, die unbefriedigende Qualität aufweisen. Die Unternehmen, die dahinterstehen, halten nicht ein, was sie durch Werbung versprechen.

Dennoch werden daraus nicht die Konsequenzen gezogen, die man eigentlich erwarten würde. Es hat den Anschein, als würde der gesunde Menschenverstand ausgeschaltet, wenn es um die Verheißungen der Werbebotschaften geht. Obwohl den Kunden bewusst sein sollte, dass Werbung keine objektive Informationsveranstaltung ist – und auch nie war –, wird unbesehen und unhinterfragt geglaubt, was versprochen wird. Werbung hat den Zweck, Bedürfnisse oder den Wunsch nach einem Produkt zu wecken. Sie soll den Abverkauf fördern. Übertreibungen und Schönfärberei sind dabei schon seit jeher eine Selbstverständlichkeit. Und doch scheint die Öffentlichkeit immer wieder entsetzt, wenn sich – wieder einmal – herausstellt, dass ein Produkt das, was in der Werbung versprochen wurde, nicht halten kann. In den letzten Jahren häufen sich auch »Skandale«, in denen öffentlich wird, dass wieder einmal ein Produkt mit Mängeln behaftet ist.

Ins Kalkül gehört sogar die Täuschung offizieller Stellen.

Auffällig ist auch die Tendenz, der Kundschaft immer wieder zu »verkaufen«, sie erwerbe mit dem Produkt oder der Dienstleistung etwas Neuartiges und qualitativ besonders Hochwertiges. In diesem Zusammenhang fällt dann auch sehr schnell das Wort »Innovation«. Alles ist innovativ, eine Innovation jagt die andere, und fast schon ist es innovativ, wenn ein Hersteller oder Dienstleister sich aus dem inflationären Gebrauch des Wortes »Innovation« herausnimmt und seinem Angebot ein anderes Prädikat anheftet. Gleichzeitig ist in Zeitschriften, in Verbrauchermagazinen, im Fernsehen und vor allem auf Internet-Portalen immer wieder von der Enttäuschung der Konsumenten die Rede. Da liegt die Vermutung doch nahe, manche dieser Qualitätsverstöße würden fast schon gezielt geplant, auf jeden Fall jedoch mit Absicht in Kauf genommen. Denken Sie an die knallbunten Werbeplakate der Bahn: Familien reisen lachend und gutgelaunt durch Deutschland, genießen den ausgezeichneten gastronomischen Service im Bordrestaurant, finden bequem Platz in großzügigen Abteilen, kommen ins Gespräch mit anderen freundlichen und gutgelaunten Reisenden und erreichen entspannt ihr Ziel, wo sie von freudig erregten Großeltern erwartet werden. Und jetzt denken Sie an die Klimaanlagen der Bahn, die schon bei verhältnismäßig moderaten 30 Grad Außentemperatur ausfallen!

Oder denken Sie mal an einen Clean-Diesel der neuesten Bluetec-Generation: Sie sind damit nicht nur sparsam und ausgesprochen flott unterwegs, sondern vor allem mit dem »saubersten Diesel aller Zeiten«. So sauber waren Sie noch nie unterwegs, das bestätigt Ihnen nicht nur alle zwei bis drei Jahre der TÜV, sondern auch die Berichte und Werbeanzeigen in Autozeitschriften. Und jetzt denken Sie an die VW-Abgas-Affäre. Hier ist sogar offen von Betrug und absichtlicher Täuschung – und zwar nicht nur der Kunden, sondern auch der Behörden – die Rede.

In meinen Seminaren und Coachings mit Vertriebsmitarbeitern verschiedener Unternehmen habe ich mit den Teilnehmern über diese Beobachtungen gesprochen. In Einzelgesprächen bestätigten einige von ihnen, dass schlechte Beispiele, wie das nur bedingte Einhalten von Verträgen oder die Einführung von Produkten, deren Qualität mangelhaft ist, mittlerweile Schule machen.

Geschichten darüber, wie unnachgiebig die Einkäufer in Firmen geworden sind und dass Verträge höchstens noch zeitweise Gültigkeit haben, höre ich in meinen Seminaren immer öfter. Manche Verträge scheinen kaum mehr das Papier wert zu sein, auf dem sie verfasst wurden. Aber wozu werden Verträge dann geschlossen? Ein Vertrag ist doch gerade dazu da, beiden Vertragspartnern Rechtssicherheit zu bieten, die Basis für eine vertrauensvolle Zusammenarbeit zu bilden und bei Streitigkeiten Orientierung zu geben.

Gesetz alter Kaufmannskunst: Ein Handschlag gilt!

Ich bin in einer Zeit groß geworden, da war ein Vertrag ein Vertrag. Dazu zählten auch mündliche Absprachen, die oft per Handschlag besiegelt wurden. Dieser Handschlag war der Vertragsschluss. Was abgesprochen war, das galt.

Erst neulich saß ich mit meinem Bekannten, Werner, zusammen. Werner war Inhaber einer Kaffeerösterei in Hamburg. Ich erzählte ihm, was ich in meinen Seminaren über die Gültigkeit mancher Verträge erfahren hatte. Werner schüttelte den Kopf, denn auch er erinnerte sich, dass es einmal anders war: Im Hafen war der Handschlag die schnellste Form der Vertragsschließung. Kaffee wurde wie viele Waren noch am Kai verhandelt. Man stand sich gegenüber, und während die Kaffeesäcke vom Schiff heruntergeladen wurden, wurde mit dem Agenten verhandelt. Die Partien wurden angesprochen – »Was willst du für zehn Sack Robusta-Kaffee haben?« –, dann wurde der Preis hin und her geschoben, und schließlich hieß es: »Hand drauf!« Damit war der Handel perfekt. Für eine kleine Rösterei wie die von Werner ging es bei diesen Geschäften um hohe Beträge, und das Geld hatte man meist nicht in bar dabei. Stattdessen galten der Handschlag und das Wort als Garantie dafür, dass der Betrag bezahlt wird, und ebenso für die Auslieferung und Bereitstellung der Order. Auch bei großen Kunden lief das Geschäft nicht anders. Im Traum hätte sich niemand einfallen lassen, diesen Handel platzen zu lassen oder betrügerisch zu handeln. »Dann wäre ich geschäftlich buchstäblich über Nacht tot gewesen«, erzählte Werner. »Im Hafen hätte ich mich nicht mehr blicken lassen können und auch die Banken hätten sehr rasch davon erfahren.«

Es war eine Frage der Geschäftsehre, sich an diese Absprachen zu halten, unabhängig davon, ob sie dann letztendlich in einem Vertrag festgehalten wurden oder nicht. Beinahe schon verdächtig war es, wenn der Partner darauf bestand, Absprachen schriftlich schwarz auf weiß zu fixieren. Es bedeutete, dass der Partner einem nicht traute. Was dann doch schriftlich festgehalten wurde, das galt. Wurde es nicht eingehalten, musste es schon sehr gute Gründe dafür geben wie Zahlungsunfähigkeit oder massive Qualitätsmängel.

Heute ist diese Einstellung zu Verträgen und Absprachen fast völlig aus der Geschäftswelt verschwunden, abgesehen von einigen wenigen Bereichen, etwa teilweise beim Viehhandel oder in ländlichen Gegenden.

In immer mehr Unternehmen macht sich stattdessen besonders unter den Einkäufern eine Kultur breit, die einen festgelegten Vertrag nicht als bindend betrachtet beziehungsweise nach einer Möglichkeit sucht, bereits Verhandeltes eventuell noch einmal anders zu definieren. Fragen Sie einen Einkäufer, wann für ihn Vertragsverhandlungen endgültig abgeschlossen sind, und er wird Ihnen auch hier antworten: »Nie!«

Für einen Einkäufer sind Verhandlungen nie abgeschlossen.

Das spiegelt sich auch in den Erfahrungen meiner Seminarteilnehmer wider. Sie erleben es immer öfter, dass Einkäufer immer wieder auf die ausgehandelten Konditionen zurückkommen. Natürlich ist es völlig gerechtfertigt, erneut Kontakt aufzunehmen und Gespräche neu anzusetzen, wenn sich Marktlage oder Kundennachfrage geändert haben, um dann ergänzend auch über Konditionen und Preise erneut zu sprechen. Aber solche veränderten Bedingungen müssen in letzter Zeit gar nicht mehr gegeben sein, damit ein Einkäufer bereits Beschlossenes erneut zum Verhandlungsgegenstand erklärt. Stattdessen steckt hinter der erneuten Verhandlung das Kalkül, dadurch an noch günstigere Konditionen zu kommen. »Da geht noch was!«, scheint zu einem allgemeingültigen Motto zu werden.

»Windfall« sorgt für böse Überraschungen bei geschlossen Verträgen.

Es ist sogar mittlerweile gang und gäbe geworden, bereits geschlossene Verträge nachträglich daraufhin zu untersuchen, welche Lücken sie haben könnten. Jede noch so scheinbar unwichtige Klausel wird analysiert. Geprüft wird unter anderem, ob sich aus dem Vertrag eine Abweichung zur gelebten Geschäftspraxis herauslesen lässt oder ob eine Vereinbarung unterschiedliche Interpretationen zulässt. Ist dies der Fall, werden damit erneute Forderungen an den Lieferanten begründet, natürlich rückwirkend, und gelegentlich auch ungeachtet dessen, ob die Gesetze es zulassen. Aus der nachträglichen Untersuchung bestehender Vereinbarungen hat sich in den letzten Jahren sogar ein ganz neuer Berufszweig entwickelt. Unternehmensberatungen haben sich darauf spezialisiert, Lücken in Verträgen ausfindig zu machen. Diese »Windfall-Profit-Unternehmen« leben recht gut von den Provisionen ihrer Kunden. Diese Provisionen werden berechnet und bezahlt aus den unverhofften Profiten, die aus bereits seit Jahren existierenden Verträgen herausgeschlagen werden. Die Windfall-Profit-Profis sind sehr erfolgreich. Oft holen sie für einen Klienten auf der Basis bestehender und seit Jahren laufender Verträge mit den Lieferanten nachträglich einen »Windfall« herein – eine rückwirkende Forderung, oft in Millionenhöhe.

Wo Verträge also früher als geschlossen galten und das Miteinander des Tagesgeschäfts alles Weitere regelte, werden heute immer öfter in Treu und Glauben geschlossene Verträge grundlos in Frage gestellt oder sogar bewusst gebrochen und horrende Nachforderungen geltend gemacht.

In meinem Buch *WIN! Verhandeln, um zu siegen* und im ersten Kapitel dieses Buches, »Wie ich zur Butter kam«, finden Sie einen Fall aus der Praxis, in dem ein Kunde mit allen Mitteln versuchte, den eigenen Gewinn zu erhöhen – und am Ende das genaue Gegenteil erreicht wurde. Es geht um den Fall des Mineralbrunnens, der von einer Einzelhandelskette immer weiter unter Druck gesetzt wurde, den Preis zu senken. Ziel des Handelsriesen war es, das Mineralwasser immer noch billiger einzukaufen. Die Handelskette nahm im Preiskampf mit der Konkurrenz keine Rücksicht darauf, dass der Mineralbrunnen die Grenze der Rentabilität schon längst unterschritten hatte. Der Hersteller musste schließlich aufgeben. Er ging pleite.

Extrem hartes Beharren wirkt sich langfristig wirtschaftlich nachteilig aus.

Dieser Schaden traf nicht nur den Mineralbrunnen selbst, sondern auch die unnachgiebige Einzelhandelskette hatte letztendlich das Nachsehen. Denn nach dem Zusammenbruch des Herstellers stellte sich heraus, dass kein anderer Brunnen bereit oder in der Lage war, dem Discounter das Wasser zu einem solchen Tiefpreis zu verkaufen. Der Preis und damit die Lage waren ausgereizt.

Extrem hartes Beharren auf extremen Forderungen rächt sich – immer. Kurzfristige Vorteile werden erkauft durch langfristige wirtschaftliche Nachteile. Extremes Verhalten in der Gegenwart hat meist einen hohen Preis, zahlbar in der Zukunft. Manche zahlen dafür sogar den höchsten Preis, und verlieren mehr als nur Geld: ihren Namen, ihren guten Ruf.

Die Folgen zeichnen sich erst in künftigen Geschäften ab: Der Handelskette blieb zum Schluss nur übrig, den Brunnen zu übernehmen, um den niedrigen Preis dauerhaft halten zu können. Und das war im harten Wettbewerb der Handelsketten, in dem es darum geht, »den besten Preis zu zeigen«, absolut notwendig.

Einkäufer scheinen nicht zu erkennen, dass ihr Verhalten letztlich auch für sie selbst und für ihr Unternehmen nachteilig ist. Das sollen und dürfen sie auch gar nicht. Die Einkäufer in großen Unternehmen haben einen Auftrag. Sie konzentrieren sich immer weiter darauf, die maximalen Rabatte herauszuholen oder das Produkt günstiger zu bekommen, auf jeden Fall günstiger als der Wettbewerb.

Wer einmal einen niedrigen Preis erzielt hat, fängt in der nächsten Verhandlungsrunde nicht von vorn an, sondern es wird versucht, vom bereits erreichten Preisniveau ausgehend noch billiger einzukaufen. Fragen, die darüber hinausgehen, werden gar nicht gestellt, etwa: Gibt die Marktlage diesen Preis überhaupt her? Wird der Lieferant vielleicht in den Bankrott getrieben, und muss dann woanders zu einem wesentlich höheren Preis neu verhandelt und eingekauft werden? Wie sehr leidet das Image unter diesem Beharren auf dem günstigsten Einkaufspreis? Welche Auswirkungen hat diese Strategie auf die Qualität des Produkts? Kostet es am Ende an ganz anderer Stelle mehr, als eingespart beziehungsweise optimiert wird? Wann ist das Thema ausgereizt?

Optimierung: Gut ist eben nicht gut genug.

Das Ziel »geringstmöglicher Preis« gleicht vielerorts bereits einem Dogma und wird mit aller Entschlossenheit verfolgt. Fast scheint das Wort »Fanatismus« angebracht zu sein angesichts der Tatsache, dass die langfristigen Folgen dieser Strategie völlig ignoriert werden. Der gesunde Menschenverstand scheint dabei auf der Strecke zu bleiben, ebenso Gewissen und Moral. Was zählt, ist einzig und allein die Optimierung: Gut ist nicht gut genug. Man fragt nur noch, wie man dem anderen auch noch die Butter vom Brot nehmen kann, statt zu überlegen, ob etwas mehr Butter auf dem Brot des anderen nicht auch zu besseren Ergebnissen für einen selbst führen könnte.

Dieses eingleisige Denken, bei dem es nur um billigere Preise geht und das sich in Werbeslogans wie »Geiz ist geil« oder »Ich bin doch nicht blöd« manifestiert hat, führt letzten Endes nicht zum gewünschten Erfolg. Nach Daniel Kahnemans Modell des schnellen und des langsamen Denkens wird das langsame Denken immer wieder vom schnellen Denken beiseite gedrängt. Damit geht der Blick für das große Ganze verloren, die Gesamtsituation wird nicht mehr umfassend betrachtet. Letztendlich leidet die Fähigkeit, die Situation realistisch einzuschätzen.

Da stellt sich die Frage: Hat sich das schnelle Denken derart durchgesetzt, dass wir nur noch die trügerische Richtung der Optimierung kennen, ohne zu fragen, ob es grundsätzliche Alternativen gibt?

Wie lässt sich ein so einfaches schematisches Denken mit dem Anspruch an Intellekt und Intelligenz vereinbaren? Doch wesentlich bedauerlicher ist, dass mit vielen dieser intellektuellen Ausfälle auch ein Verlust von Moral und Gewissen einhergeht – bis hin zum Totalverlust. Es gibt Wissenschaftler, Soziologen und Theoretiker, die bereits seit Jahren das reine Gewinnstreben kritisch hinterfragen und verurteilen und die eine größere Nachhaltigkeit bei der Herstellung von Produkten anmahnen. Einer von ihnen ist der Schweizer Soziologe Jean Ziegler. An dieser Stelle ist es mir wichtig zu erwähnen, dass ich mich von Zieglers politischer Haltung vollständig und von seinen Ansichten zumindest weitestgehend distanziere und Etliches deutlich anders sehe und bewerte als er. Dennoch finde ich es durchaus lohnenswert,

Zieglers Ansätze zu reflektieren – besonders in punkto Moral, Gewissen und reinen Gewinnstrebens.

Jean Ziegler ist seit 2013 Berater des UNO-Menschenrechtsrats und ein erklärter Gegner der Globalisierung. Er kritisiert unter anderem die »Refeudalisierung der Welt« und setzt sich gegen die »Kolonialisierung der Welt durch das Großkapital« ein. Unternehmen – besonders multinationalen Konzernen – wirft er vor, zwecks Profitmaximierung bewusst unethisch zu handeln, jede Verantwortung für Menschenrechte oder Umweltschutz abzulehnen und so wesentlich für den Welthunger mitverantwortlich zu sein. Konzerne üben seiner Ansicht nach beträchtlichen Einfluss auf die Politik aus und bedrohten damit die Demokratie.[89] Nach seiner Auffassung besteht das Bemühen eines Intellektuellen darin, die Welt zu verstehen, so wie sie ist, und sie so zu verändern, dass dem Wunsch der Menschen nach Unabhängigkeit, Freiheit und Glück Rechnung getragen wird. Das fällt mit der kollektiven Suche nach dem Sinn zusammen, die unerlässlich für die Konkretisierung dieses Wunsches ist. Aber die moralische Verantwortung des Intellektuellen ist angesichts dieses großen Zieles durchaus erdrückend. In diesem Zusammenhang beruft sich Ziegler auf Hippolyte Prosper-Olivier Lissagaray: »Wer dem Volke falsche Revolutionslegenden erzählt und es durch Vorspiegelung falscher Tatsachen täuscht, ist ebenso strafbar wie der Geograph, der falsche Karten für die Seefahrt entwirft.«[90]

Führungskräfte tragen Verantwortung.

»Aber die moralische Verantwortung des Intellektuellen bleibt erdrückend.«[91] Dieser Satz allein enthält bereits so vieles, was sich genauer hinterfragen lässt: Was ist ein Intellektueller? Wie definiert sich Verantwortung und welche Rolle spielt Moral, beziehungsweise: Was ist das? Legt man diesen Überlegungen den spektakulären VW-Skandal, der nur ein sehr prominentes und plakatives Beispiel für unzählige andere Vorgänge in Wirtschaft, Politik und Gesellschaft ist, zugrunde, so ergeben sich neue Varianten. Spricht man Verantwortlichen in Konzernen mit diesen Fragestellungen nicht automatisch den Status Intellektueller ab? Menschen in Führungspositionen und Entscheider tragen Verantwortung, aber ist diese mit Moral verbunden? Wie definiert sich diese im Zusammenhang mit dem wirtschaftlichen Agieren? Spielen diese Überlegungen im realen wirtschaftlichen Leben keine Rolle, und ist es daher möglich, die Grenzen immer weiter zu verschieben und über das Maß des Erträglichen hinaus auszureizen?

Diese Fragen kann ich nur für mich selbst beantworten. Ihnen kann ich nur den Impuls zum Reflektieren geben. Auf jeden Fall lässt sich jedoch festhalten: Konzerne brauchen in ihrem Handeln Moral und Gewissen. Sie haben eine Verantwortung der Gesellschaft gegenüber, schließlich sind sie ein Teil dieser Gesellschaft.

Teile der jungen Generation haben für sich eine Antwort gefunden. Das drückt sich in dem Erfolg – zum jetzigen Zeitpunkt über 19 Millionen Klicks auf YouTube – des Liedes »Astronaut« des Rappers Sido und des Sängers Andreas Bourani aus. Aus der Sicht eines kritischen Reporters hält das Gesangsduo der Gesellschaft einen Spiegel vor. Das Lied beschreibt in einfacher, teilweise derber Sprache, worum es sich aus Sicht Sidos und Bouranis nur noch dreht: ums Geld – mit entsprechenden Folgen für Umwelt, Gesellschaft und letztlich für jedes Individuum. Das Video verdeutlicht die Ansicht der beiden: Offenbar schweben sie lieber friedlich im Weltall umher, als sich auf einer Erde aufzuhalten, die buchstäblich in ihrem Dreck versinkt. Drastische Bilder von Müllkippen, Großstädten im Lichtermeer, Kriegsszenen, schrillen Comicfiguren, Kokainkonsum, verhungernden Menschen wechseln sich ab. Dazu werden immer wieder Sequenzen von

Tresorkellern mit Gold, von Börsenalltag und Produktionswahn eingespielt.

Als ich das Video das erste Mal sah, war ich erschüttert, in welch deutlicher und unmissverständlicher Sprache sich diese beiden Künstler über den Zustand von Wirtschaft, Politik und Gesellschaft äußerten. Für die Musiker haben wir – die derzeit in Verantwortung stehende Generationen – alles ausgereizt, ohne eine Antwort auf die zukünftigen Herausforderungen zu geben. Ich interpretiere Lied und Video als einen Weckruf an Moral und Gewissen. Ein Weckuf ausgehend von jungen Menschen, die noch viel Zukunft vor sich haben.

https://www.youtube.com/watch?v=WPFLAjmWCtk

Die Botschaft des Videos passt ins Bild: Auf vielen Gebieten ist das ausschließliche Gewinnstreben ausgereizt. Auf den ersten Blick zeigt sich das am Beharren darauf, dass immer größere Gewinne ohne Erhöhung von Nutzen oder Wert für die Kunden möglich sein müssen. Doch welche Folgen hat diese zunehmende Dogmatisierung des Immer-billiger-Prinzips? Das Wort »Dogma« ist stark religiös besetzt, so möchte ich es keinesfalls verstanden wissen. Doch gleicht das ständige und immer weiter um sich greifende Streben nach stetig steigerbarem Gewinn durch Kostenreduzierung einem Dogma. Wie ein nicht in Frage zu stellender Glaubenssatz hält sich die oft schon fanatisch vertretene Meinung, es sei immer noch mehr Gewinn ohne gleichzeitige Nutzensteigerung möglich.

Die Klientin aus dem vorherigen Kapitel, die trotz klarer und begründbarer Zuwachsprognosen nicht daran glaubte, dass die

Verbesserungsvorschläge von ihren Mitarbeitern angenommen würden, ist ein gutes Beispiel dafür, wie der Glaube an ein Dogma, also an eine Ansicht, die per se nicht bezweifelt werden darf, das Betrachten mehrerer Ebenen und Perspektiven und eine darauf basierende Bewertung verhindert.

Das Dogma, es gehe ständig noch billiger, aber auch das Ausreizen von Grenzen, um Gewinne zu steigern oder das vermeintliche Optimum herauszuholen, breitet sich unaufhaltsam aus. Die Konzentration auf nur diesen einen Aspekt, der in Verhandlungen zwar eine durchaus wichtige, meist jedoch überbewertete Rolle spielt, hat in den letzten Jahren dazu geführt, dass jegliche anderen Alternativen, Optionen oder Perspektiven völlig verloren gehen.

Hat der Pragmatismus ausgedient?

Was allgemein durch diese starre Haltung verloren geht, ist der Pragmatismus – die Orientierung an dem, was tatsächlich möglich ist. Vielen Menschen, auch im Business, ist der Gegensatz zwischen Dogma und Pragmatismus gar nicht mehr bewusst. Sie glauben, sie handeln an Tatsachen orientiert – und aus ihrer Perspektive ist das sogar verständlich. Die Marktwirtschaft basiert unter anderem auf der Koordinierung von Preisen. Preise entscheiden ganz wesentlich mit über Absatz, Umsatz, Gewinn, aber auch Einkommen und Vermögen. Der Preis eines Produkts ist demnach in unserer Gesellschaft etwas sehr Reales und auch ein ganz zentraler Punkt von hoher Wichtigkeit. Der Preis entscheidet. So wie der Preis für die Butter, als mein Vater noch sein Lebensmittelgeschäft führte, darüber entschieden hat, ob das gesamte Sortiment eines Geschäftes eher teuer oder günstig war.

Unglücklicherweise entsteht durch das dogmatische Festhalten an diesem Punkt eine immer größer werdende Diskrepanz. Je vehementer dieser in der Vergangenheit wiederholt erfolgreich beschrittene Pfad verfolgt wird, desto weiter führt er von einem tatsächlichen Pragmatismus, der viele Aspekte im Blick hat, fort. Die Optionen, die Möglichkeiten, die alle Überlegungen zu Verbesserungen naturgemäß zu Beginn in sich tragen, werden minimiert und nicht maximiert. Es wird nur noch über ein »mehr Gewinn« nachgedacht, ein »mehr«, das natürlich vornehmlich den eigenen Interessen dienen soll.

Das Dogma des Immer-billiger-Prinzips verhindert echte Verbesserungen.

Die Folge dieser einseitigen Denkweise: Es wird nur noch optimiert, nicht mehr über wirklich Neues nachgedacht. Doch das fördert eine Negativspirale. Die Verbesserungen sind nur noch winzig, da die Möglichkeiten, etwas bereits Gutes noch mehr zu optimieren, selbstverständlich nur recht gering sind. Der Spielraum für wirkliche weitere Optimierungen wird immer enger – und es besteht sogar die Gefahr, dass sich die Entwicklung eines Tages ins Gegenteil verkehrt. Was betrieben wird, ist eine Entwicklung auf vertikaler Ebene: Bereits Existierendes wird immer weiter verfeinert und immer ausgeklügelter. Das mag bis zu einem gewissen Punkt hilfreich sein, aber irgendwann ist die Entwicklungsphase ausgereizt. Wirklicher Fortschritt ist etwas Progressives, das sich horizontal ausrichtet – der nächste große Schritt. Mit dem nächsten Schritt wird jedoch Neuland betreten. Neuland ohne jegliche Erfahrungswerte. Da gibt es keine bekannten Parameter, Hinweisschilder oder Markierungen. Es gibt nichts, was den weiteren Verlauf der Entwicklung anzeigt. Alles, was Orientierung bieten könnte, liegt hinter einem, und das, was einen hierher gebracht hat, bringt einen nicht weiter. Für diesen evolutionsartigen Schritt braucht es Mut.

Ein simples Beispiel verdeutlicht, was mit vertikaler und horizontaler Entwicklung gemeint ist: Früher hat der Mensch mit den Fingern gemalt. Irgendwann kam einer auf die Idee, ein Werkzeug dafür zu benutzen. Das war ein Schritt nach vorn. Danach schlossen sich unendlich viele Entwicklungsschritte an, die schließlich Schreibwerkzeuge hervorbrachten, wie wir sie heute kennen. Die (Weiter-)Entwicklung der Schreibgeräte selbst vollzog sich auf einer Vertikalen. Ob ein Kugelschreiber nun mit Druckfeder ausgestattet ist oder nur mit einer Mine, es bleibt ein Kugelschreiber. Auf diesem Feld dürfte es keine echten Innovationen mehr geben. Dagegen hat die Entwicklung von Rechnern und Schreibmaschinen bis hin zu Computern den Menschen durchaus weitergebracht. Das war eine neue, horizontale Entwicklung, die nicht nur die Industrie, sondern unser aller Leben revolutionierte.

Beispiele wie der VW-Skandal, das Verhalten der Handelskette gegenüber dem Mineralbrunnen, der Motivationstrend oder das Gewinnstreben in der Finanzbranche zeigen alle einen vertikalen Verlauf. Zwar wurden hier zunächst die Ziele erreicht, die meistens in der Optimierung von Gewinnen bestanden, doch dabei haben die Beteiligten trotzdem in beinahe allen anderen Punkten verloren.

Der Verbrennungsmotor für Autos wird schon seit seiner Erfindung nur noch optimiert. Man darf spekulieren, warum trotz Ölkrisen, Umweltkatastrophen und zunehmender Ressourcenknappheit, die damit unmittelbar zusammenhängt, in Deutschland zwar durchaus über Alternativen nachgedacht wurde, jedoch auffallend wenig davon auf den Straßen zu sehen ist – oder warum die Alternativen, die es durchaus gibt, nicht zur Serienreife gebracht werden.

Toyota hat den Schritt gewagt – weg vom Verbrennungsmotor, hin zum Brennstoffzellenauto –, und doch stellt der Entwicklungschef Yoshikazu Tanaka fest, dass wohl noch zehn, zwanzig oder sogar noch mehr Jahre vergehen werden, bevor das Konzept den Durchbruch erlebt.[92]

Wenn Entwicklungen lange hinausgezögert werden, steckt oft auch Lobbyarbeit dahinter – lange wurde auch die Kohleförderung vom Staat wider besseren Wissens subventioniert. Alternative Energiequellen haben es nach wie vor schwer, an einer Verwendung beispielsweise in der Autoindustrie wird nur sehr wenig geforscht. Sicherlich kommt mit den Hybrid- oder E-Autos und auch mit dem Brennstoffzellenauto von Toyota Bewegung auf. Doch die Ideen sind nicht neu, und eine Weiterentwicklung dieser Überlegungen geht, gemessen an den regelmäßig vorgestellten scheinbaren »Innovationen« der Autoindustrie, eher schleppend voran.

Auch in anderen Bereichen sind bahnbrechende Vorschläge, die wirklich weiterbringen, extrem rar. Die Frage nach einer sinnvollen Alternative kann angesichts der beschriebenen, weit verbreiteten Haltung kaum aufkommen. Eine Entwicklung im horizontalen, also im progressiven Sinne, ist so beinahe unmöglich.

Was ist effizient und was effektiv?

Entwicklung und besonders Weiterentwicklung soll heutzutage vor allem eines sein: effizient. Es dauert nie lange, bis irgendein Wort oder Vorgang mit Effizienz in Verbindung gebracht wird. Daraus entstehen dann so großartige Wörter wie Zeiteffizienz, Kosteneffizienz, Verbrauchseffizienz, Effizienzsteigerung, Effizienzklasse, Effizienzstrategie. Alles soll, alles muss effizienter werden. Dabei bedeutet Effizienz aber auch, etwas besser auszubeuten. Also beuten wir unsere Zeit aus, um mehr aus ihr herauszuholen. Wir beuten die entstandenen Kosten aus, um mehr aus dem ausgegebenen Geld herauszuholen. Und wir beuten jeden verbrannten Liter Kraftstoff besser aus, um mehr Kilometer aus ihm herauszuholen.

Wir arbeiten mit Effizienzprogrammen verbissen daran, mehr aus den eingesetzten Mitteln herauszuholen, sei es Zeit, Geld oder Kraftstoff. Und so werden Meetings effizienter gestaltet, ohne zu prüfen, ob es diese Meetings überhaupt braucht. Einkaufs- und Produktionsprozesse werden effizienter gestaltet, ohne zu prüfen, ob es die eingekauften und verarbeiteten Bestandteile in den Produkten überhaupt braucht, und Strecken werden effizient zurückgelegt, ohne zu prüfen, ob es die Fahrt überhaupt braucht.

Der Effizienz gegenüber steht die Effektivität. Streng wissenschaftlich anhand einer Formel ausgedrückt stellen sich Effizienz und Effektivität so dar:

$$\text{Effektivität} = \frac{\text{Ergebnis}}{\text{Ziel}}$$

$$\text{Effizienz} = \frac{\text{Ergebnis}}{\text{Aufwand}}$$

Es gibt zudem zahlreiche Definitionen der beiden Begriffe. Die Erklärung von Peter Ferdinand Drucker, einem US-amerikanischen Ökonom mit österreichischen Wurzeln, beschreibt nach meiner Auffassung die Bedeutung beider Wörter am besten: »It is fundamentally the confusion between effectiveness and efficiency that stands between doing the right things and doing things right. There is surely nothing quite so useless as doing with great efficiency what should not be done at all.«[93]

Auf Deutsch: »Häufig werden die Begriffe »Effektivität« und »Effizienz« verwechselt. Während das eine bedeutet, ›die richtigen Dinge tun‹, heißt das andere ›die Dinge richtig tun‹. Sicher gibt es nichts, was so nutzlos wäre, mit großer Effizienz etwas zu tun, das man gar nicht erst tun sollte.« Auf Wikipedia findet sich dazu eine einfache, ins Deutsche übersetzte Formel:[94]

> **Effektivität: »Die richtigen Dinge tun.«**
> **Effizienz: »Die Dinge richtig tun.«**

Wenn wir also besser darin werden, Dinge richtig zu tun, steigern wir zweifellos die Effizienz – so wie es die vielen Konzerne und Unternehmen mit ihren Effizienzsteigerungsprogrammen tun. Doch wenn wir die Effizienz steigern und dabei die falschen Dinge tun? Dann fahren wir mit geringerem Verbrauch, doch noch immer in die falsche Richtung.

Nach meiner Erfahrung, Beobachtung und Überzeugung stehen Effektivität und Effizienz in enger Verbindung mit dem Nutzen – sprich: Gewinnorientierung ist positiv, aber *nicht*, wenn sie vom Nutzen gelöst ist.

Wenn der Profit losgelöst vom Nutzen oder Wert für den Kunden gesteigert werden soll, dann kann dieses Effizienzprogramm auf der Reise sicher tolle Erlebnisse bieten. Doch irgendwann merkt der Kunde, dass es eine Reise in die falsche Richtung ist. Ab einem gewissen Punkt lässt er sich nicht mehr austricksen.

Was, wenn die an den finanziellen Nutzen gebundene Wirtschaftlichkeit ausgereizt ist? Spielt die moralische Verantwortung gegenüber der gesamten Gesellschaft, zu der auch die Wirtschaft gehört, doch eine entscheidende Rolle? Schaffen Werte neue Orientierungspunkte auf den Seekarten der verschiedensten Akteure, um neue Ziele zu erreichen? Wenn dem so ist, dann haben gefälschte Navigationshilfen ausgedient. Vielleicht ist die Übertreibung dann ausgereizt?

Neue Ernte! – Neues Denken, neues Handeln

Höher, schneller, weiter, billiger, mehr – vom Nutzen befreite Gewinnmaximierung. So kommt es mir immer öfter vor. Die Gespräche am Rande von Veranstaltungen oder in meinen Seminaren, die sich genau darum drehen, nehmen zu. Menschen und Unternehmen scheint es immer schwerer zu fallen, ihren Kunden einen Nutzen zu bieten. Laut einer Studie des Deutschen Industrie und Handelskammertag (DIHK) ist die Ursache Nummer eins, weshalb Start-ups scheitern, mangelnder Kundennutzen.[95] Wirtschaftsmedien wie die *WirtschaftsWoche*[96] greifen diese Entwicklung auf, und es mehren sich die kritischen Stimmen. Sie schildern weitere Fälle, in denen Umstände oder Vorgehensweisen bis ins Unerträgliche ausgereizt werden.

Auch das Privatleben ist mittlerweile davon betroffen. Nicht nur, dass der Drang nach immer mehr »Effizienz« in Industrie und Handel, im Gesundheitswesen und bei den Banken und Versicherungen immer weiter um sich greift, ebenso verschieben sich auf persönlicher Ebene in den vergangenen Jahren die Grenzen. Alles scheint nur noch auf eine Frage ausgerichtet zu sein: Geht es noch billiger?

Wann ist der Punkt erreicht, an dem es nicht mehr weitergeht?

Auf dem Weg zur größtmöglichen Effizienz gibt es angeblich keine Grenze. Es scheint wie ein Dogma: Wenn die im Vorwort erwähnte Zauberschublade 300 Euro ausspuckt, obwohl man nur 100 Euro hineingelegt hat, wird sie das sicher genauso bei 95 Euro machen. Und bei 90. Und auch bei 85 ... Der Bediener der Zauberschublade erwartet auf jeden Fall immer 300 Euro.

Wann ist das Ende der Abwärtsspirale erreicht?

Wann ist genug genug? Glauben wir dem Einkäufer aus der vorherigen Geschichte, dann wird er nie aufhören zu fordern. Billiger, billiger, billiger ...

Doch was passiert, wenn in die magische Zauberschublade gar nichts mehr von Wert hineingelegt wird? Null Euro, vielleicht sogar ein symbolischer Null-Euro-Schein? Schafft es der Einkäufer Kraft seiner »Einkaufsmacht« auch dann noch, die 300 Euro zu bekommen – oder besinnt sich die Zauberschublade und gibt nur noch das her, was sie ursprünglich geben wollte: den dreifachen Einsatz? Dreimal Null ergibt eben Null.

»Alles Theorie, alles nur ein Gedankenspiel«, höre ich Sie sagen, und Sie haben natürlich vollkommen recht. Natürlich ist das nur ein Gedankenspiel. Spielen Sie diese Gedanken einfach kurz durch – stellen Sie sich für einen Moment vor, wie es weitergeht: Für Sie ganz persönlich, wenn Sie, wenn ich, wenn wir alle, die einen früher, andere später, am Ende dieser Spirale angelangt sind. Rennen wir dann gegen eine Wand, sind wir dann gefangen in der Sackgasse? Wäre es vor diesem Hintergrund nicht sinnvoller, aus dieser Abwärtsspirale auszusteigen und eine »Abzweigung« zu finden?

Grenzen werden vermehrt gedehnt – ja sogar *über*dehnt.

In der Wirtschaft wird diese Überlegung derzeit von vielen ignoriert. Nicht, dass man die Mauer am Ende der Sackgasse nicht sieht, doch offenbar hält man sie für eine Art Schallmauer, die auf dem Weg zum richtig großen Erfolg einfach durchbrochen werden muss. Viele wollen sprichwörtlich »mit dem Kopf durch die Wand«. Dabei wäre es in vielen Fällen naheliegender, erst einmal anzuhalten, sich umzudrehen und nach einer anderen Möglichkeit, einem anderen Weg zu suchen. Dieser andere Weg wurde vielleicht noch nie beschritten, ist unbekannt und wirkt auf den ersten Blick länger und kaum Erfolg versprechend. Doch der direkte Weg kann häufig nicht eingehalten werden und ein Umweg scheint zunächst unnötig, anstrengend und weniger zielführend. Stattdessen wird weiter gegen die Mauer gerannt, die den Weg versperrt zu immer noch größerer Effizienz, noch größerem Umsatz und scheinbar noch größerem Gewinn. Und bisher kam man auf diesem Weg doch gut voran – dann muss es ja auch weiterhin klappen.

Wer sich aufmerksam umsieht, der bemerkt, dass sich die Gesellschaft mit dieser Vorgehensweise und vor allem der damit verbundenen Einstellung in allen Bereichen immer mehr in Sackgassen verrennt. Nur noch stockend und mit immer mehr Aufwand geht es noch irgendwie vorwärts. Fortlaufend müssen Optionen ausgelotet und Grenzen dabei vermehrt gedehnt, ja *über*dehnt werden. Bis die Möglichkeiten ausgereizt sind.

Nehmen Sie mal ein Gummiband und ziehen Sie es leicht auseinander. Es gibt nach und nimmt, wenn Sie den Zug wegnehmen, die ursprüngliche Form wieder an. Ziehen Sie nun stärker, nicht zu sehr, aber doch schon ziemlich stark. Das Gummiband hält, doch es ist gedehnt und, nachdem es sich wieder zusammengezogen hat, ausgeleiert. Nun ziehen Sie ein drittes Mal. Richtig stark, so stark Sie können – das Gummiband reißt.

Ein Handwerker weiß: »Nach fest kommt ab.« Ziehen Sie eine Schraube fest, dann hält die Verbindung. Ziehen Sie fester, dann reißt die Schraube, irgendwo, ohne Vorankündigung. In der Werkstofftechnik spricht man vom »Elastizitätsmodul« (E-Modul). Es beschreibt den Zusammenhang zwischen Spannung und Dehnung bei der Verformung eines festen Körpers bei linear elastischem Verhalten. Wird ein gewisser Wert der Spannung überschritten, kann sich das Material nicht mehr weiter dehnen, und es kommt zum Versagen. Das Material bricht oder reißt einfach ab. Diese Gesetzmäßigkeiten scheinen bei menschlichem Verhalten und im sozialen Umgang außer Kraft gesetzt.

Vielerorts geht es heute nur noch um den Preis. Achten Sie bei Gelegenheit einmal bewusst darauf. Neulich war ich im Auto unterwegs. Im Radio lief Werbung. Bereits beim ersten Spot ging es um den Preis, auch die Botschaft der anderen Spots lautete immer: »Billiger«, nur wurde das Argument variationsreich verpackt. Ganz ad absurdum wird das Sparen in einer TV-Werbung des Vergleichsportals Verivox geführt, im dem die »Geissens« auftreten. Der Werbeclip endet mit dem Satz von Robert Geiss: »Je mehr wir verbrauchen, desto mehr sparen wir!«

Dieser – man muss schon sagen – Wahnsinn ist für mich am Beispiel der Autoindustrie besonders klar erkennbar, da ich lange in diesem Bereich tätig war. Es geht besonders in dieser Branche schon seit Jahren nur noch darum, wie mehr Geld bei immer weniger Ausgaben in die Kassen kommt. Dabei besteht auf den zweiten Blick nicht durchweg die Notwendigkeit, noch billiger zu produzieren, nur um die Renditen konstant zu steigern.

Dennoch nahm eine verhängnisvolle Entwicklung ihren Lauf, deren Beginn meiner Ansicht nach die Daimler AG machte. Lange Jahre galt die Marke Mercedes-Benz als das Nonplusultra unter den Automarken. Weltweit wurde das Ansehen der Marke kaum getoppt. Höchstens Rolls-Royce und Bentley in England standen in Verbindung mit Adel und damit für mehr Luxus, als es bei Mercedes der Fall war. Erst gegen Ende der Achtzigerjahre bekam Mercedes-Benz in seiner Marktnische vermehrt

Konkurrenz, der BMW-Konzern und VW-Audi versuchten, dem altehrwürdigen Konzern Marktanteile abzujagen. Jedes dieser Unternehmen baute schließlich das Premiumsegment konsequent aus oder übernahm kurzerhand eine der bekannten Marken, wie beispielsweise Bentley. Der globale Markt wurde zunehmend enger.

Manche Autos besitzen keinen echten praktischen Mehrwert für den Alltag.

Daimler beschloss in den Neunzigern, seinen Platz an der Weltspitze im Segment der Luxusautos zu behaupten. Es sollte billiger produziert werden, als es der Konkurrenz möglich war – um nicht abgehängt zu werden. Doch damit trat der Konzern – eigentlich ohne Not – die Spirale in diesem Wirtschaftszweig los. Die Qualität der Marke Mercedes hatte in der Folgezeit merklich nachgelassen, und das, obwohl genau diese Qualität die Autos von Mercedes einst überhaupt erst an die Weltspitze geführt hatte. Ein hoher Markenwert und für die Kunden ein ebenso hoher Nutzen wurden über Bord geworfen oder zumindest sträflich vernachlässigt.[97] Reklamationen von Kunden und negative Berichte in der Fachpresse mehrten sich, im Mängel-Ranking vergrößerte sich der Abstand zur qualitativ besseren Konkurrenz und 2005 kam es beim Nobelhersteller zur bis dahin größten Rückrufaktion in der Firmengeschichte.[98] Der damalige Vorstand Eckhard Cordes reagierte. Er startete eine großangelegte Qualitätsoffensive und erhöhte den Druck – auf die Zulieferer.[99]

Mittlerweile sind an den neuen Modellen von Audi, Mercedes oder BWM kaum mehr echte Innovationen zu finden. In meinem Bekanntenkreis und nicht zuletzt bei mir führten diese Erkenntnisse dazu, unsere Einstellung zum Thema Auto zu hinterfragen. Einige meiner Bekannten und Freunde haben ihre angeschafften SUVs bereits wieder abgegeben und verkauft. Diese Autos waren anders, größer und machten schon rein optisch einiges her. Sie waren zwar auch teurer als andere Fahrzeuge, doch sie waren trendy. Das alles trug natürlich zu ihrem hohen Status und »Will-Haben-Wert« bei. Aber für viele besaßen sie keinen echten praktischen Mehrwert für den Alltag: Das Rangieren und Parken in den meisten Parkhäusern fällt schwer, die Hosen werden schmutzig beim Ein- und Aussteigen, die Ladekante des Kofferraums ist höher, die Wankbewegungen in Kurven sind stärker, die Windgeräusche lauter, der Benzinverbrauch höher.

Zwar wirken SUVs groß, aber ihr Innenraum ist begrenzt, der Kofferraum für eine vierköpfige Familie zu klein, und drei Personen auf der Rückbank haben Platzprobleme. Inzwischen fahren etliche meiner Freunde wieder entschieden kleinere und unauffälligere Wagen. Sie sind letztendlich glücklicher damit. Sie finden wieder leichter einen Parkplatz, haben mindestens genauso viel Platz, sitzen komfortabler, reisen bequemer und schneller und erfreuen sich ganz nebenbei auch noch am geringeren Spritverbrauch.

Was ist die ursprüngliche Bedeutung von »preiswert«?

Vielleicht sollte man sich verstärkt an die ursprüngliche Bedeutung des Wortes »preiswert« erinnern, will man vermeiden, in die Abwärtsspirale der trügerischen Optimierung zu geraten. So könnte ein Lösungsansatz sein, dass jeder für sich selbst den Wert der Dinge genauer hinterfragt beziehungsweise ihn sich bewusst macht. Statt nur auf den Preis zu schauen und alles andere auszublenden, sollte darüber nachgedacht werden, was wirklich einen Mehrwert besitzt. Dazu ein Beispiel aus dem Alltag: Wenn der durchschnittliche Preis für 100 Gramm Salami bei ohnehin schon günstigen 1,00 bis 1,20 Euro liegt und es nun geschnittene

Salami für 79 Cent im Sonderangebot gibt, was darf man erwarten? Wer im Spannungsdreieck von Produzent, Handel und Verbraucher »bezahlt« die über 20 Prozent, die beim Sonderangebot gespart werden? Wer ist in der Lage, das am ehesten auszugleichen? Machen wir uns überhaupt noch bewusst, dass es einen Bezug zwischen Preis und Qualität oder, noch deutlicher, zwischen Preis und Wert gibt? Es geht um die wahre Bedeutung des Wortes »preiswert«, die eben genau darin liegt, dass etwas »seinen Preis wert ist«. Man kann sich dies wie eine Waage vorstellen, bei der »Preis« und »Wert« jeweils in einer der Waagschalen liegen, was bedeuten kann, dass ein höherer Preis auch einen höheren Wert mit sich bringt, und umgekehrt, dass niedrige Preise eben auch einen geringeren Wert bieten.

Als ich diese Themen mit einem Bekannten diskutierte, fiel der Begriff der »Maslowschen Bedürfnispyramide«. Gemeint ist damit die Darstellung der menschlichen Bedürfnisse in Form einer Pyramide, der die vom US-amerikanischen Psychologen Abraham Maslow entwickelte Bedürfnishierarchie zugrunde liegt.[100]

Maslowsche Bedürfnispyramide

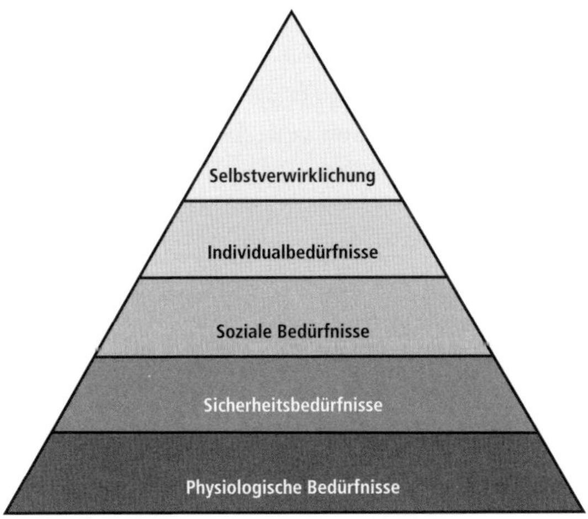

An dieser Bedürfnishierarchie lässt sich erkennen, in welcher Reihenfolge sich menschliche Bedürfnisse entwickeln: Die Werte, die auch als die Ziele verstanden werden können, die der Einzelne verfolgt, sind zunächst einfach. Der Mensch strebt danach, zunächst Hunger oder Kälte, also physiologische Bedürfnisse, zu befriedigen. Ist das erreicht, will er für Sicherheit sorgen, also das Erreichte bewahren. So geht es weiter, bis er die oberste Stufe erreicht hat: die Selbstverwirklichung.

Eine grundsätzliche Kritik an dieser Hierarchie besteht darin, dass die Pyramide einen Endpunkt impliziert. Das, so die Kritiker, scheint aber im Menschen nicht angelegt zu sein. Der Mensch scheint keinen Endpunkt zu akzeptieren und möchte daher immer noch mehr erreichen. Daran hat sich bis heute nichts geändert. Dem aufmerksamen Beobachter begegnet ständig der Grundsatz, dass noch mehr möglich sei – es geht immer noch billiger, und dadurch kann der Gewinn konsequent erhöht werden.

Die Schere zwischen den Bedürfnissen der Kunden und den Zielen der Unternehmen geht oft weit auseinander.

Der Wert, der Sinn, den ein Gegenstand, ein Auto oder die Wurst haben können, fallen dieser reinen Gewinnorientierung zum Opfer. Das Ergebnis: Ein Auto wie beispielsweise der SUV ist für eine (zunehmende?) Zahl von Käufern nicht mehr das Nonplusultra, auch wenn der Verkauf zumindest für das Unternehmen durchaus Sinn ergibt und diese Fahrzeugklasse weiter boomt.[101] Der Erfolg mag für die Autoindustrie zunächst sehr erfreulich sein, doch wenn die Schere zwischen wahrem Kundennutzen und den Wünschen und Zielen der Autokonzerne immer weiter auseinandergeht, könnte es zu Problemen führen – bis hin zur erzwungenen Einstellung dieser Produktreihe und damit zu herben Verlusten bei den Konzernen. Will man wirklich langfristig erfolgreich sein, gilt es, alle Punkte zu bedenken, nicht nur den Wunsch nach höherem Umsatz, mehr Profit oder trendy Produkten. Was wirklich zählt, ist der Kunde und hier besonders der Kundennutzen.

Dass die Orientierung am Kundennutzen häufig zu kurz kommt, erlebte ein Bekannter von mir. Er hat drei kleine Kinder, die im Auto noch gesetzlich vorgeschriebene Rückhaltesysteme – im Volksmund auch Kindersitze genannt – brauchen. Er berichtete mir von der enorm schwierigen Suche nach einem Auto, in dem er seine drei Kinder auf drei altersgerechten Kindersitzen unterbringen konnte. Zudem sollte auch ein entsprechend geräumiger Laderaum für Gepäck, Spielzeug und so weiter vorhanden sein. Er wollte ein Auto, das kompakt und handlich ist, um die Parkplatzsuche vor Schulen, Kindergärten, vor Turnhallen und in der Stadt zu erleichtern. Und nicht zu vergessen: ein Auto mit geringen Verbrauchswerten sowie familienfreundlichen Anschaffungs- und Unterhaltskosten.

Ein Fahrzeug zu finden, das all diese Wünsche erfüllt, erwies sich als sehr mühsam. Natürlich ist es schwer, immer alles zu bekommen, was man sich wünscht. Doch dieser Fall ist keine Ausnahme, und er zeichnet sich gerade dadurch aus, dass es sich hier nicht im engeren Sinne um Wünsche, sondern um reale Bedürfnisse, wenn nicht sogar Notwendigkeiten einer größeren Familie handelt. Mein Bekannter entschied sich letztendlich für einen Bus. Kaum ein anderes Fahrzeug erfüllte seine Vorgaben.

Die Zeitschrift *Auto Bild* berichtete schon im Jahr 2007, dass es schwierig ist, ein Auto zu finden, auf dessen Rückbank sich drei Kindersitze sicher montieren lassen. Nur 21 von 152 geprüften Autos bestanden den Test.[102] Ein Grund könnte das Platzproblem sein. Vollwertige Sitze brauchen Platz in der Breite. Vor allem im Schulterbereich wird es da schnell eng. Die Designer müssten auf »die Schulterpartie im Autoblechkleid verzichten – gemessen am

Kundengeschmack ein gestalterisches No-Go«, wie der Designexperte Lutz Fügener von der Hochschule Pforzheim meint.[103]

Auch an anderen Stellen steigert sich das Bestreben nach kontinuierlich steigendem wirtschaftlichem Gewinn ins Absurde. Hielten sich Discounter-Supermärkte bis kurz nach der Jahrtausendwende daran, möglichst billige Produkte anzubieten, ohne dabei auf bestimmte Marken zu setzen, hat sich diese Politik in den letzten Jahren zunehmend geändert. Immer mehr Discounter wie Aldi, Lidl oder Netto setzen auf Produkte, die den Wunsch nach Luxus für wenig Geld im Kunden wecken sollen. Diese Märkte, in denen es bisher zwar eine große Auswahl guter Qualitätsprodukte gab, die aber ohne intensives Marketing auskamen, setzen jetzt auf eine Art »Zwei-Klassen-Sortiment«: Es gibt neben der einfachen Butter auch eine »Butter Deluxe« oder »Gourmet-Butter«.

Die Discounter versuchen den Supermarktketten, die gemeinhin als »wertiger« eingestuft werden – wie Rewe oder Edeka –, den Rang abzulaufen. Jedoch wird dabei sowohl die eigene Marke als auch die Zielgruppe unterlaufen: Die Kunden der Discounter einte bisher, dass sie dort einkauften, weil dort gute bis sehr gute Qualität sehr preiswert angeboten wurde. Der Kunde wusste, was er für sein Geld bekam. Nun, mit der Einführung der Gourmet- oder Luxuslinien teilt sich die Kundschaft des Discounters. Das, was die Billigmärkte auszeichnete, wird aufgeweicht. Gleichzeitig führen die übrigen Supermärkte durch ihre Handelsmarken eigene Billiglinien ein. Den Kunden kann es aufgrund der Ähnlichkeit der Sortimente letztlich gleich sein, ob sie nun beim Discounter einkaufen oder in einem anderen Supermarkt, der günstiger gelegen ist.

Mittlerweile kämpft jeder Anbieter um die Kunden des anderen in dessen angestammtem Terrain.

All diese Beispiele haben eines gemeinsam: Die Entwicklung, die hier zu erkennen ist, ist eine vertikale. Sie steigt an, doch sie geht nicht vorwärts. Es wird auf dem Vorhergehenden aufgebaut, beziehungsweise das Vorhergehende wird als Grundlage definiert, justiert und auf die Spitze getrieben.

Echte Entwicklungen hingegen verlaufen idealerweise horizontal, in der Regel nehmen wir sie jedoch eher »schräg« wahr, meist wellen- oder stufenförmig. Jede Wachstumskurve zeigt unter der Lupe betrachtet solche Stufen, hier können Anforderungen, Prozesse und Erwartungen analysiert und neu justiert werden. Erst so werden daraus Fortschritte. Die Geschichte zeigt: Normalerweise ist ein Ergebnis eine Reaktion auf ein vorhergehendes Ereignis. Oft genug wandte sich eine Entwicklung oder ein Produkt ganz von dem ab, was zuvor Erfolg hatte. Neu bedeutete andersartig. Genau das war oft Trumpf. Nehmen Sie die Schreibmaschine: Erst war sie mechanisch. Dann wurde sie elektrisch und brachte mehr Komfort beim Schreiben mit sich. Schließlich kam der PC, der wesentlich vielseitiger war. Damit war auch der Siegeszug der Schreibmaschine endgültig beendet.

Doch dieser Verlauf von Entwicklungen scheint sich in den letzten beiden Jahrzehnten grundlegend geändert zu haben. In einer Zeit, in der Neuigkeiten immer schneller aufeinanderfolgen, bleibt kaum Zeit für echte Neuentwicklungen, die wahren Fortschritt bedeuten. Denn dafür braucht es Ausdauer in der Entwicklung. Diese Geduld geht jedoch meist auch mit Risiken und Kosten einher. Wenn die Devise jedoch lautet: »Gewinn um jeden Preis« – gar vom Nutzen gelöst –, wird genau daran gespart. Lieber bleibt man beim bewährten Alten, verfeinert es – und bezeichnet diese Modifizierung hochtrabend und beschönigend als »Innovation«.

Es geht nach unten statt nach oben!

Dieser Weg ist trügerisch. Das wird nach und nach überall in unserer Gesellschaft sichtbar. Der Verbraucher ist misstrauisch geworden. Innovationen werden hinterfragt und als reines Marketing-Tool enttarnt: neuestes, innovatives Banking – was ist das? Innovative Zahnreinigung per Smartphone ist eigentlich nichts weiter als eine elektrische Zahnbürste. Bluetec-Motoren, gefeiert als innovative, umweltfreundliche Technologie – was ist davon geblieben?

Scheinbar erklimmt man schwindelnde Höhen, doch die Wahrheit ist eine andere: Statt dem Gipfel näherzukommen, begibt man sich mit der endlosen Optimierung, die in sehr vielen Fällen nur den eigenen Vorteil im Blick hat, in eine Abwärtsspirale. Es geht nach unten statt nach oben! Denn irgendwann nehmen wir uns nicht mehr nur die Butter vom Brot, sondern wir nehmen das ganze Brot, weil die Butter bereits weg ist. Wir nehmen uns die Existenz.

Folgt man dem gesunden Menschenverstand, so kann man nur zu einem Schluss kommen: Es gilt, aus dieser Abwärtsspirale auszusteigen. Es kann nicht kontinuierlich so weitergehen. Irgendwann ist der Kreislauf, der angeblich ständig mehr vom Kundennutzen befreiten Gewinn verspricht, überreizt, wenn nicht gar ausgereizt. Die Kardinalsfrage lautet: Wie kann das Dilemma gelöst werden?

Ist es überhaupt lösbar? Kann man eine Entwicklung, die ihren Ursprung im ganz natürlichen Streben des Menschen nach einem »Mehr« hat, überhaupt aufhalten? Trotz intensiver Beschäftigung mit diesem Thema kann ich keine generellen und abschließenden Antworten auf diese Fragen geben. Was ich geben kann, sind Lösungsimpulse. Es sind Ansätze, die Optionen bieten. Jeder sollte individuell für sich entscheiden, welcher Ansatz eine Veränderung in seinem Umfeld bewirken könnte.

Grundlage jeder Lösung ist die Erkenntnis. Das erfordert oft ein Innehalten, um sich die Situation bewusst zu machen. Wenn man in eine Sackgasse gefahren ist, dann ist mit Vollgas weiterzufahren vielleicht eine Möglichkeit, wenn die Begrenzung nur ein Gitter ist – Schrammen und Kratzer gibt es aber auch dann. Handelt es sich um eine Wand, führt die Weiterfahrt jedoch zum Crash. Wer das erkennt, hält an und überlegt (Bewusstsein): Wie komme ich hier heraus (Option)? Das Einfachste wäre, den Rückwärtsgang einzulegen und zurückzufahren, bis man wenden kann. Ist der Wagen jedoch bereits so festgefahren, dass es weder vor noch zurück geht und sich selbst die Türen nicht mehr öffnen lassen, braucht es drastischere Maßnahmen. Die Analyse der Situation ist die Voraussetzung, um mögliche Optionen und Alternativen daraus abzuleiten. Wenn der Wagen absolut verkeilt ist, dann hilft vielleicht nur die radikale Lösung: Heckscheibe einschlagen, aus dem Auto klettern, zu Fuß raus aus der Sackgasse. Ist das drastisch? Ja, das ist drastisch, und es ist radikal. Und ja, es ist mühsam, wenig komfortabel und wahrscheinlich auch teuer. Doch es ist ein Weg, sich aus dieser Lage zu befreien. Und das gilt für jede »festgefahrene« Situation.

Neben der Erkenntnis erfordert Veränderung auch Mut. Denn um sich aus dem Streben nach Effizienz zu lösen, die immer häufiger falsch verstanden wird, gilt es, mutig zu sein. Das war auch bei meinem Bekannten so, der schließlich einen Kleinbus für seine Familie anschaffte: Für ihn als Autobegeisterten war es sicher zunächst nicht leicht, mehr auf den Nutzen als auf das Design des Wagens zu achten. In seinem Bekanntenkreis wunderten sich viele über seine Neuanschaffung. Seine Entscheidung entsprach ganz und gar nicht seinen gewöhnlichen Vorlieben bei Autos.

Es braucht Mut, aus der allgegenwärtigen Jagd nach immer noch effizienterer Lebensgestaltung auszubrechen, ganz gleich, welche Formen sie annehmen mag. Es braucht Mut, die eigenen Werte zu hinterfragen und neu zu definieren – und es braucht Mut, die eigene Entscheidung zu vertreten und bei heftiger Kritik zu verteidigen.

Es war Oscar Wilde, der irische Dramatiker, der sagte: »Es kommt für jeden der Augenblick der Wahl und der Entscheidung: Ob er sein eigenes Leben führen will, ein höchst persönliches Leben in tiefster Fülle, oder ob er sich zu jenem falschen, seichten, erniedrigenden Dasein entschließen soll, das die Heuchelei der Welt von ihm begehrt.«

Mut ist gefragt, um alte Muster hinter sich zu lassen.

Viele Unternehmen verlassen sich derzeit noch darauf, dass das Motto »Es geht immer billiger« zieht und der Kunde sich entsprechend entscheidet. Daher werden uns, den Kunden, diese Produkte nach wie vor angeboten und immer noch billiger als zuvor hergestellt. Die Folge ist eine nachlassende Qualität. Warum ändert sich nichts? Das liegt daran, dass die Unternehmen sehen, dass wir, die Kunden, diese Produkte kaufen. Mit dem Kauf wird signalisiert: Es existiert ein Bedarf.

In den Augen der Industrie findet sich der Kunde offensichtlich mit der angebotenen Qualität ab – er kauft ja. Darauf wird aufgebaut und weiter gemacht wie bisher. Dieses Verhaltensmuster lässt eigentlich nur einen Schluss zu: Der Konsument wird für dumm verkauft. Das Paradebeispiel liefert hier die VW-Abgas-Affäre: Wissentlich wurden die gesetzlich festgelegten Normen unterlaufen, die Wagen so programmiert, dass sie in Prüfsituationen die geforderten Abgaswerte liefern, obwohl sie im alltäglichen Verkehr kontinuierlich überschritten werden. Der Konzern setzte darauf, dass diese Manipulation unentdeckt bleibt – oder die Strafen so gering ausfallen, dass sich der Betrug unter dem Strich dennoch lohnt.

Ein hoher Preis ist übrigens noch lange kein Schutz vor Manipulation. Inzwischen ist die Diesel-Affäre auch in der Premiumklasse angekommen. Bei PS-starken Motoren der automobilen

Oberklasse gibt es neue Vorwürfe aus den USA, denen zufolge die Abgasreinigung unter bestimmten Bedingungen vom System einfach unzulässigerweise ausgeschaltet werden soll.[104]

Wollen wir uns wirklich weiter für dumm verkaufen lassen?

Soll sich etwas ändern, erfordert das wie gesagt Mut – dazu gehört auch der Mut, sich der Erkenntnis zu stellen, dass man bisher sehr konsequent in eine Richtung gelaufen ist, die sich jedoch als die falsche herausgestellt hat. Das könnte daran liegen, dass man seine eigenen Ziele und Werte gar nicht oder unscharf formuliert hat.

Ein Lösungsansatz könnte hier eine Vorgehensweise sein, die auch im Vorfeld von Verhandlungen üblich ist. In meinem Buch *WIN! Verhandeln, um zu siegen* schildere ich diverse Techniken, die ich hier nur als Impuls ansprechen möchte: Im Vorfeld einer Entscheidung steht die Definition des Ziels. Das kann der Kauf eines Autos für die Familie sein oder der von Lebensmitteln, die bestimmte Umwelt- und soziale Kriterien erfüllen sollen. Oder Verhandlungen, mit dem Ziel, die beste Qualität, den günstigsten Preis oder den kürzesten Liefertermin zu bekommen. Dann werden zu diesen Vorgaben alle relevanten Informationen gesammelt.

Beim Recherchieren zeigen sich bereits erste Stärken und Schwächen. Handelt es sich um komplexe Zusammenhänge, ist ein Briefing hilfreich, um einen Überblick zu gewinnen und eine Entscheidungsgrundlage zu schaffen. An die Recherche schließt sich die Analyse an. Sie bestätigt angenommene Stärken oder Schwächen und liefert weitere Argumente. Auf dieser Basis können sich weitere Recherchen anschließen, manchmal lassen sich bereits jetzt Alternativen ableiten.

Es gibt ein Schema, das diese Thematik charakterisiert. Es nennt sich »PAHO«. Dahinter verbirgt sich, dass aus einem Problem (P) Aktionen (A) erfolgen, die Handlungen (H) und somit mehrere Optionen (O) nach sich ziehen können. Das nachstehende Schaubild verdeutlicht das:

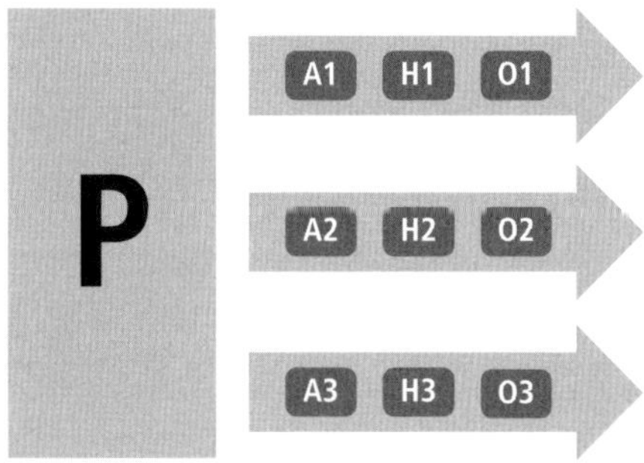

Liegen alle für eine Entscheidung relevanten Informationen vor, können diese mit dem geplanten Ziel abgeglichen werden. Stellt sich heraus – und hier geht es wieder darum, sich etwas bewusst zu machen –, dass die Strategie geändert werden sollte, dann muss diese neu formuliert werden. Ein »Testballon« ist ebenfalls eine Option. So erfährt man, ob man mit der vorgesehenen Strategie weiterkommt. Bei Produkten ist es fast ausnahmslos möglich, diese vor dem Kauf auszuprobieren. Man legt sich damit nicht gleich fest und kann überprüfen, ob beispielsweise die Qualität zufriedenstellend oder mangelhaft ist. Eine Garantie für den späteren Erfolg ist das natürlich nicht, viele versteckte Schwächen oder Fehler zeigen sich erst wesentlich später, doch es ist eine Möglichkeit, das Risiko zu minimieren und weitere Informationen zu gewinnen.

Eine Tasse Kaffee bewirkt viel.

Möglicherweise liegt auch in der Maslowschen Bedürfnishierarchie ein Lösungsansatz, der zum Nachdenken anregt. Hält man sich die Pyramidengrafik noch einmal vor Augen, ist die vorletzte Stufe der Bedürfnishierarchie die Stufe der Individualbedürfnisse. Es deutet vieles darauf hin, dass sich unsere Gesellschaft derzeit auf dieser Stufe befindet, da der eigene Vorteil oder der Gewinn des Unternehmens als die einzig relevanten Kriterien gelten.

Bei der Befriedigung dieser Einzelbedürfnisse wird gern übersehen, dass es um mehr geht als nur um den eigenen, vordergründigen – meist finanziellen – Vorteil. Das wurde mir wieder bewusst, als ich mich neulich mit meinem Nachbarn, Peer, unterhielt. Er beklagte sich über eine Handwerkerfirma, die bei ihm Arbeiten durchführte. Die Monteure hätten schlampig gearbeitet, seien lustlos aufgetreten und hätten keinen Schlag mehr getan als notwendig. Das wunderte mich, hatte ich doch die gleiche Firma mit der Renovierung meines Badezimmers beauftragt. Ich war mit der Arbeit sehr zufrieden – gerade das hatte für meinen Nachbarn den Ausschlag gegeben, diese Firma ebenfalls für den Umbau seines Bads zu engagieren.

Ich versuchte, der Sache auf den Grund zu gehen, und kam schon bald dahinter, dass mein Nachbar anders an die Firma herangetreten war als ich: Ich hatte mit dem Chef der Firma neben den reinen Materialkosten für die neue Wanne, die Kacheln und alle anderen Sanitärobjekte einen pauschalen Arbeitspreis ausgemacht. Als die Handwerker am ersten Morgen des Umbaus bei uns ankamen, hatte meine Frau bereits eine Kanne Kaffee vorbereitet. Sie brachte diese mit einigen Bechern, etwas Milch und Zucker den Handwerkern.

Was für uns selbstverständlich war, sorgte bei den Handwerkern schon fast für Verwirrung. Sie waren es nicht mehr gewohnt, dass sie etwas angeboten bekommen, sei es Kaffee am Morgen, die im Südwesten eigentlich obligatorische Brezel am Nachmittag oder gekühltes Wasser. Diese Geste der Wertschätzung hatte zur Folge, dass die Handwerker sich bemühten, ihre Arbeiten so zu verrichten, dass es wenig belastend für uns war. Als die Arbeiten fertig waren, fragte meine Frau einen der Handwerker, ob er noch kurz einen Blick auf die Armatur in der Küche werfen könne. Der Wasserhahn funktionierte nicht einwandfrei. Mit zwei Handgriffen war das Problem abgestellt. Durch eine freundliche Geste haben wir also im Endeffekt einen zusätzlichen Service erhalten.

Im Gespräch mit meinem Nachbarn stellte sich rasch heraus, dass dieser sich für die Bezahlung nach Stunden entschieden hatte. Er war jetzt – folgerichtig – beunruhigt, ob die Männer nun die Stunden, die sie bei ihm im Haus verbrachten, wirklich in die Arbeit investierten. Es kam, wie es kommen musste: Ständig kontrollierte er die Handwerker, diese wiederum fühlten sich beobachtet und begegneten ihm ihrerseits mit Misstrauen. Bei Peer gab es auch keinen Kaffee – er bezahlte sie immerhin dafür, dass sie in seinem Bad die Fliesen erneuern, nicht, um Kaffee zu trinken.

Dieses alltägliche Beispiel macht deutlich, warum es sich kaum auszahlt, wenn wir uns gegenseitig die Butter vom Brot nehmen, und warum es einen Mehrwert bringt, wenn wir stattdessen fragen, ob es noch etwas mehr Butter sein darf: Ich war sehr zufrieden mit der Arbeit der Handwerker und sparte mir zudem, sie erneut rufen zu müssen, um einen Bagatellfall – den tropfenden Wasserhahn – zu beheben. Nüchtern betrachtet war das mit dem Einsatz einer Kanne Kaffee verbunden und auch damit, dass die Handwerker etwas von ihrer Zeit nicht mit der Sanierung meines Bads, sondern mit etwas Geplauder bei einem Becher Kaffee verbrachten. Doch letzten Endes war ich zufriedener mit dem Ergebnis als mein Nachbar Peer. Für den Preis einer Kanne Kaffee hatte ich ein größeres Plus, als wenn ich genau nach Minuten abgerechnet hätte.

Es wird immer wieder deutlich: Statt bei einem Problem sofort in Aktionismus zu verfallen, sollte man einfach mal an einem Punkt innehalten. Hier liegt ebenfalls eine Option zur Lösung: sowohl in Verhandlungen als auch bei der täglichen Jagd nach dem eigenen Vorteil einen Schritt zurücktreten – und erst dann den nächsten, den eigentlichen Gewinn angehen. Das bedeutet, dass wirtschaftliche Steigerungen nicht zwangsläufig kontinuierlich verlaufen. Selbst wenn Kurven in Grafiken als stetig aufwärtsgehend gezeichnet und beschrieben werden, sind sie das bei genauerer Betrachtung nicht. Nach einem gelungenen Aufwärtsschritt ist es in der Regel so, dass der Umsatz erst eine Weile stagniert und horizontal verläuft, bevor er dann wieder einen Sprung nach oben macht – also ein Fortschritt zu verzeichnen ist.

Oft ist ein wenig Abstand ausreichend, um wieder einen neuen Blick auf die Dinge werfen zu können. Diese Pause dient der Reflexion, der Horizonterweiterung, der Analyse und der Überprüfung der Strategie. Wird die Strategie dann anders bewertet, möglicherweise als nur noch bedingt Erfolg versprechend, so kann ein neues oder leichter zu erreichendes Ziel definiert werden. Auch Nebenziele sind möglich, um die ursprüngliche Strategie zu einem späteren Zeitpunkt weiter zu verfolgen.

Mein Freund von der Bergwacht formulierte es so: »Es gibt Berge, auf deren Gipfel willst du unbedingt stehen. Meistens sind es die bekannten, sehr hohen und extremen Berge. Doch du musst sehr viel auf dich nehmen, um dorthin zu gelangen. In großen Höhen kommst du nur schrittweise voran. Du brauchst Stunden für 100 Höhenmeter. Dann schlägt das Wetter um. Ein Weitermachen bedeutet Gefahr, manchmal den sicheren Tod. Es gibt nur eine Möglichkeit: umkehren. Vielleicht reicht es aus, das nächste Basislager aufzusuchen und abzuwarten. Wenn das Wetter wieder gut ist, kannst du das Ziel wieder in Angriff nehmen. Es gibt jedoch Touren, da heißt es, konsequent absteigen. Es dient deiner eigenen Sicherheit. Das schmerzt, hast du doch viel investiert. Kommst du im Tal an und das Wetter lässt es zu, ersteigst du zum »Trost« vielleicht einen ganz anderen Gipfel. Einen, der nicht geplant war und der leichter zu erklettern ist. Erreichst du den, so erfährst du dennoch einen Gewinn: Du bist mit dem Erreichten zufrieden und erblickst von dort ganz neue, interessante Horizonte, mit neuen Zielen, die es wert sind, sie anzugehen. Und oft bekommst du von dort auch einen ganz anderen Blick auf den ursprünglichen Gipfel.«

Innehalten bedeutet auch, neue Ziele am Horizont erkennen zu können.

Die Frage nach dem Sinn oder der Sinnhaftigkeit sollte vermehrt in den Vordergrund der ökonomischen Überlegungen rücken – und zwar im Kontext einer Wirtschaftlichkeit, die mehr berücksichtigt als die kontinuierliche und von jeglichem Nutzen losgelöste Steigerung von Menge, Umsatz und Gewinn. Die Gewinnmaximierung ist buchstäblich am Ende – ausgereizt!

Es spielen eben meist mehr Faktoren eine Rolle als nur das, was unterm Strich übrigbleibt. Sich seiner eigenen Werte bewusst zu werden, genauer zu definieren, was für einen selbst wichtig ist, kann bewirken, dass die Individualbedürfnisse befriedigt werden können und die nächste, die höchste Stufe der Bedürfnispyramide erreicht werden kann: die Selbstverwirklichung. Diese ist mit dem reinen Streben nach den individuellen Bedürfnissen nicht zu erreichen – nur wenn wir alle Faktoren einberechnen und auch Moral, Ethik, vielleicht sogar den altmodisch gewordenen Begriff »Seele« in die Einschätzung miteinbeziehen, werden wir zu einem Ergebnis gelangen, das uns tatsächlich auf die nächsthöhere Stufe der Entwicklung bringt.

Für diesen Schritt, dafür, aus der Abwärtsspirale auszubrechen, aus der Sackgasse herauszutreten und vielleicht sogar ganz oder in Teilen neu anzufangen, braucht es Einsicht, Mut und Eigenverantwortung. Vorbilder gibt es bereits. Und je mehr Menschen sich darauf besinnen, was ihnen wirklich wichtig ist, desto leichter wird sich die in diesem Buch beschriebene Abwärtsspirale aufhalten lassen.

Ich wünsche mir, dass auch Sie in diesem Buch Denkanstöße gefunden haben, die Ihnen helfen, sich aus Sackgassen im Alltag und im Denken zu befreien. Wenn es mir gelungen ist, Ihnen Wege aufzuzeigen, hätte ich erreicht, was ich mit diesem Buch bezweckt habe.

Fragen Sie doch bei nächster Gelegenheit: »Darf ich Ihnen etwas mehr Butter auf Ihr Brot streichen?« Beobachten Sie, was passiert.

Ihr
Kurt Georg Scheible

Anmerkungen

Sämtliche Links waren, soweit nicht anders angegeben, am 09.02.2016 gültig.

1 Christian Teevs: *Geschichte der Aldi-Brüder. Der doppelte Imperator.* Spiegel Online, 28.07.2010. http://www.spiegel.de/wirtschaft/unternehmen/geschichte-der-aldi-brueder-der-doppelte-imperator-a-708958.html
2 Institut für Familienunternehmen e. V.: *Wachstum trotz Euroschwäche.* 08.07.2015. http://www.institut-fuer-familienunternehmen.de/pdf/IFF_Presseinformation_150708.pdf
3 Astrid Paprotta, Regina Schneider: *Aldidente. 30 Tage preiswert schlemmen. Ein Discounter wird erforscht.* Frankfurt a. M.: Eichborn, 1996.
4 Deutsche Apotheker Zeitung: *Lieferanten verärgert. dm will »Begrüßungsboni« für Onlineshop.* DAZ.online, 18.05.2015. http://www.deutsche-apotheker-zeitung.de/wirtschaft/news/2015/05/18/dm-will-begruessungsboni-fuer-online-shop/15794.html
5 Olaf Kolbrück: *Hat das Ausland die Erfolgsformel für den Lebensmittel-Onlinehandel gefunden?* etailment, 30.05.2015. http://etailment.de/thema/player/Hat-das-Ausland-die-Erfolgsformel-fuer-den-Lebensmittel-Onlinehandel-gefunden-2465
6 Vortrag von Wolfgang Fritz: *Die Aldisierung der Gesellschaft. Eine ökonomische Perspektive.* http://www.wiwi.tu-bs.de/marketing/service/download/art/abc_vortrag_240608.pdf

7 Markus Hintzen: *Unternehmen. »Für uns gibt es keine Grenzen«.* manager magazin, 7 / 2015; S. 32.

8 Ebd., S. 33.

9 ChannelPartner: *BBE sagt dem Einzelhandel gravierende Strukturveränderungen voraus.* IDG Business Media GmbH, 04.11.1997. http://www.channelpartner.de/a/bbe-sagt-dem-einzelhandel-gravierende-strukturveraenderungen-voraus,603685

10 Die Zahlen basieren auf: Institut für Mittelstandsforschung (Hrsg.): *Triebwerk des Erfolgs – der deutsche Mittelstand im Fokus.* Bonn: IfM, 2015. Online einsehbar unter: http://www.ifm-bonn.org/statistiken/mittelstand-im-ueberblick/#accordion=0&tab=1

11 Zitat aus dem Jahr 1956 von Otto Jacob, damals Vorstandsmitglied der Daimler-Benz AG mit Zuständigkeit für das Ressort Einkauf, gefunden in: Stephanie Tilly: *Kooperation in der Krise? Beziehungspraktiken in der deutschen Automobilindustrie von den fünfziger bis zu den siebziger Jahren des 20. Jahrhunderts.* In: Stephanie Tilly, Florian Triebel (Hrsg.): *Automobilindustrie 1945–2000. Eine Schlüsselindustrie zwischen Boom und Krise.* München: Oldenbourg Wissenschaftsverlag, 2013.

12 Johannes Wiek: *Der Krieger. Interview mit José Ignacio López de Arriortúa.* brand eins – Schwerpunkt Erfolg, 10 / 2006.

13 Diese Taktik beschreiben mein Bruder Klaus Scheible und ich in unseren Trainings und in unserem gemeinsam verfassten Buch *Verhandeln! Wie David Goliath besiegt*, das 2015 im Goldegg Verlag erschienen ist.

14 Rebecca Eisert, Henryk Hielscher: *Krankes System. Die brutalen Methoden der Autokonzerne gegen Zulieferer.* WirtschaftsWoche, 04 / 2015, 19.01.2015.

15 Ebd.

16 *Airbag-Skandal wird teurer als gedacht.* Handelsblatt,12.06.2015. http://www.handelsblatt.com/unternehmen/industrie/honda-airbag-skandal-wird-teurer-als-gedacht/11909880.html

17 Wendelin Wiedeking: *Anders ist besser. Ein Versuch über neue Wege in Wirtschaft und Politik.* München: Piper Verlag, 2008. S. 94 f.

18 Ebd., S. 69.

19 M. Dalan, N. Doll, F. Seidlitz: *Das war der geheime Übernahme-Plan von Porsche.* Welt Online, 10.05.2009. http://www.welt.de/3711670

20 Rebecca Eisert, Henryk Hielscher: *Krankes System. Die brutalen Methoden der Autokonzerne gegen Zulieferer.* WirtschaftsWoche, 04 / 2015, 19.01.2015.

21 *Gm bestätigt mehr Opfer. Fast 100 Tote durch Zündschlossdefekt.* n-tv.de, 04.05.2015. http://www.n-tv.de/wirtschaft/Fast-100-Tote-durch-Zuendschlossdefekt-article15035211.html

22 *Zündschloss-Skandal: General Motors kauft sich mit Milliardenzahlung frei.* Spiegel Online, 17.09.2015. http://www.spiegel.de/wirtschaft/unternehmen/zuendschloesser-general-motors-zahlt-900-millionen-dollar-a-1053321.html

23 *Verrostete Bremsen. GM droht Rückruf von sechs Millionen Autos.* Spiegel Online, 08.04.2010. http://www.spiegel.de/auto/aktuell/verrostete-bremsen-gm-droht-rueckruf-von-sechs-millionen-autos-a-687901.html

24 *Entwicklung der durchschnittlichen Löhne / Gehälter 1995–2014.* Institut Arbeit und Qualifikation der Universität Duisburg-Essen. http://www.sozialpolitik-aktuell.de/tl_files/sozialpolitik-aktuell/_Politikfelder/Einkommen-Armut/Datensammlung/PDF-Dateien/tabIII1.pdf

25 *2014 DAT Report.* http://www.dat.de/uploads/DATReport_2014/index.html#/4/

26 statista: *Entwicklung der durchschnittlichen Neuwagenpreise in den Jahren 1995 bis 2014 in Deutschland (in Euro).* http://de.statista.com/statistik/daten/studie/36408/umfrage/durchschnittliche-neuwagenpreise-in-deutschland/

27 *So will der VW-Chef fünf Milliarden Euro einsparen.* Welt Online, 12.10.2014. http://www.welt.de/wirtschaft/article133187934/So-will-der-VW-Chef-fuenf-Milliarden-Euro-einsparen.html

28 *Das Auto als Statussymbol. Junge Menschen setzen andere Prioritäten.* auto motor und sport, 06.03.2014. http://www.auto-motor-und-sport.de/news/das-auto-als-statussymbol-junge-menschen-setzen-andere-prioritaeten-8166422.html

29 Interview mit Karl Brenke: *»Zahl der Solo-Selbstandigen wächst deutlich stärker als die der Angestellten.«* In: DIW Wochenbericht 7/2013: *Solo-Selbständige.* https://www.diw.de/documents/publikationen/73/diw_01.c.415654.de/13-7.pdf

30 WirtschaftsWoche: Sonderteil »Green Economy« in der Ausgabe

vom 12.06.2015. http://green.wiwo.de/sparen-durch-nachhaltigkeit-6-unternehmen-zeigen-wie-das-gehen-kann/
31 Michael D'heur: *Gewinne steigern durch mehr Nachhaltigkeit: 6 Unternehmen zeigen, wie es gehen kann.* WirtschaftsWoche »Green Economy«, 11.03.2015. http://green.wiwo.de/sparen-durch-nachhaltigkeit-6-unternehmen-zeigen-wie-das-gehen-kann/
32 Interview mit Martin Klaffke: *»Die Generation Y hat neue Werte.«* Freie Presse, 10.02.2015. http://www.freiepresse.de/WIRTSCHAFT/WIRTSCHAFT-REGIONAL/Die-Generation-Y-hat-neue-Werte-artikel9110674.php
33 Die Angaben in diesem Abschnitt basieren auf Zahlen des Statistischen Bundesamts. https://www.destatis.de/DE/ZahlenFakten/GesellschaftStaat/Bevoelkerung/Mikrozensus.html sowie https://www.destatis.de/DE/ZahlenFakten/GesellschaftStaat/EinkommenKonsumLebensbedingungen/EinkommenEinnahmenAusgaben/Tabellen/Haushaltsnettoeinkommen.html
34 Michael Fritsch, Alexander S. Kritikos, Alina Sorgner: *Verdienen Selbständige tatsächlich weniger als Angestellte?* In: DIW Wochenbericht 7/2015. Berlin: Deutsches Institut für Wirtschaftsforschung e.V., 2015. S. 134–147. Online einsehbar unter: http://www.diw.de/sixcms/detail.php?id=diw_01.c.496904.de
35 *Jeder fünfte Solo-Selbständige unter Mindestlohn? – Was die aktuelle DIW-Studie wirklich aussagt.* Verband der Gründer und Selbstständigen Deutschland e.V., 13.02.2015. http://www.vgsd.de/jeder-fuenfte-solo-selbstaendige-unter-mindestlohn-was-die-aktuelle-diw-studie-wirklich-aussagt/
36 *VALLEY TALK Mission: größter Arbeitgeber.* WirtschaftsWoche, 12.06.2015. http://www.genios.de/presse-archiv/artikel/WW/20150612/valley-talk-mission-groesster-arbei/DBE1FD75-DBE6-48E7-96F0-E988488F5E0C.html
37 *Selbstständige. Zahl der Aufstocker steigt.* Frankfurter Rundschau Online, 03.12.2012. http://www.fr-online.de/wirtschaft/selbststaendige-zahl-der-aufstocker-steigt-an,1472780,21026546.html
38 Markus Schleufe: *Motiviert durchs Problemlösen.* Serie »Beruf der Woche«. Zeit Online, 31.12.2013. http://www.zeit.de/karriere/beruf/2013-12/beruf-motivationscoach

39 *Cheerleader für Programmierer.* Blick.ch, 25.08.2015. http://www.blick.ch/news/ausland/zur-mitarbeiter-motivation-cheerleader-fuer-programmierer-id4099762.html

40 *Ritalin – Medizin, die krank macht?* 3sat thema: »Vorsicht, Diagnose!« Gesendet am 17.03.2015 auf 3sat.

41 *Schleuderangebote sind Demütigung für Bauern.* Osttiroler Bote, 03.09.2015.

42 Ebd.

43 Einen Einstieg in das Thema »Arztwerberecht« bietet der aktuelle Wikipedia-Artikel: https://de.wikipedia.org/wiki/Arztwerberecht

44 Jutta Rippegather: *Sorge ums Patientenwohl.* Frankfurter Rundschau Online, 15.08.2015. http://www.fr-online.de/rhein-main/klinik-sorge-ums patientenwohl,1472796,31526258.html

45 Ebd.

46 Anne M. Schüller: *Touchpoints: Auf Tuchfühlung mit dem Kunden von heute. Managementstrategien für unsere neue Businesswelt.* Offenbach: GABAL, 2012.

47 Pia Heinemann: *Kliniken sanieren sich mit sinnlosen Operationen.* Welt Online, 04.12.2014. http://www.welt.de/gesundheit/article134934655/Kliniken-sanieren-sich-mit-sinnlosen-Operationen.html

48 https://de.wikipedia.org/wiki/Touchpoint

49 Andreas Mihm: *Gesundheit 1.0.* Frankfurter Allgemeine Zeitung Online, 23.04.2015. http://www.faz.net/aktuell/wirtschaft/wirtschaftspolitik/e-health-gesetz-fuer-das-deutsche-gesundheits-system-13553413.html

50 Nina Trentmann: *Die Landärzte sterben aus.* Welt am Sonntag, 24.02.2008. http://www.welt.de/wams_print/article1716991/Die-Landaerzte-sterben-aus.html

51 Claudia Euen: *Medizinische Abwanderung mit Nebenwirkungen.* Deutschlandfunk, 22.08.2015. http://www.deutschlandfunk.de/tschechische-aerzte-in-deutschland-medizinische-abwanderung.680.de.html?dram:article_id=329012

52 Frank Wild: *Verlagerung staatlicher Finanzierungsaufgaben auf die Beitragszahler. Eine Analyse unter besonderer Berücksichtigung der PKV.* WIP – Kurzanalyse 2 / 2015. http://www.wip-pkv.de/uploads/tx_nppresscenter/WIP-Kurzanalyse_02_2015_Lastenverschiebung.pdf und Bundesministerium für Gesundheit:

Finanzierungsgrundlagen der gesetzlichen Krankenversicherung. http://www.bmg.bund.de/themen/krankenversicherung/finanzierung/finanzierungsgrundlagen-der-gesetzlichen-krankenversicherung.html

53 *Folgen der Finanzkrise: Zahl der Arbeitslosen steigt weltweit um fünf Millionen.* Spiegel Online, 20.01.2014. http://www.spiegel.de/wirtschaft/soziales/arbeitslosigkeit-weltweit-steigt-um-fuenf-millionen-an-a-944530.html

54 *Bericht räumt Fehler ein. OECD unterschätze Auswirkungen der Finanzkrise.* WirtschaftsWoche, 11.02.2014. http://www.wiwo.de/politik/europa/bericht-raeumt-fehler-ein-oecd-unterschaetzte-auswirkungen-der-finanzkrise/9465804.html

55 Constance Riede: *Müllmann beliebter als Versicherungsvertreter. Das sind die angesehensten Berufe.* Das Investment.com, 27.08.2014. http://www.dasinvestment.com/investments/versicherungen/news/datum/2014/08/27/muellmann-beliebter-als-versicherungsvertreter/

56 Die folgende Grafik basiert auf der im Artikel von Constance Riede abgebildeten Tabelle, die wiederum aus folgender Quelle entnommen wurde: Bundesleitung des dbb beamtenbund und tarifunion (Hrsg.): *Befragung öffentlicher Dienst 2014. Einschätzungen, Erfahrungen und Erwartungen.* Berlin: dbb, 2014. Online einsehbar unter: http://www.dbb.de/fileadmin/pdfs/2014/forsa_2014.pdf

57 Vgl. Urteil vom 24. Januar 2013 (III ZR 98/12). http://juris.bundesgerichtshof.de/cgi-bin/rechtsprechung/document.py?Gericht=bgh&Art=pm&pm_nummer=0014/13

58 Mehr Informationen zur Versteigerung bietet der Wikipedia-Artikel: https://de.wikipedia.org/w/index.php?title=Versteigerung_der_UMTS-Lizenzen_in_Deutschland&oldid=142767305

59 Thomas Schmitt: *Die neue Masche des Mehmet Göker.* Handelsblatt, 07.09.2012. http://www.handelsblatt.com/finanzen/vorsorge/versicherung/versicherungsvertreter-die-neue-masche-des-mehmet-goeker/7107096.html

60 Jens Hagen: *»Ich bin glücklich. Ich lächle.« Mehmet Göker im Interview.* Handelsblatt, 04.09.2015. http://www.handelsblatt.com/finanzen/vorsorge/versicherung/mehmet-goeker-im-interview-ich-bin-gluecklich-ich-laechle-/12277792.html

61 Ebd.
62 Thomas Schmitt: *Die neue Masche des Mehmet Göker.*
63 Thomas Schmitt: *Mehmet Göker wird zum Auslaufmodell.* Handelsblatt, 03.10.2013. http://www.handelsblatt.com/finanzen/vorsorge/versicherung/versicherungsvertreter-mehmet-goeker-wird-zum-auslaufmodell/8876854.html
64 Matthias Kowalski: *Der Mehmet und die Gold-Jungs.* Focus Magazin 13/2013 bzw. Focus Online, 23.03.2013. http://www.focus.de/panorama/welt/report-der-mehmet-und-die-gold-jungs_aid_946442.html
65 Patricia Döhle: *Verkehrte Welt.* brand eins – Schwerpunkt Im Interesse des Kunden, 05/2014. http://www.brandeins.de/archiv/2014/im-interesse-des-kunden/hedgefondsmanager-graham-clapp-und-simon-savage-verkehrte-welt/
66 Ebd.
67 Ebd.
68 Welt am Sonntag: *»Stupid German Money« für Hollywood.* 25.03.2007. http://www.welt.de/wams_print/article776804/Stupid-German-Money-fuer-Hollywood.html
69 Laura de la Motte, Daniel Schäfer: *Blut, Schweiß und Jobabbau.* Handelsblatt, 30.10.2015. http://www.handelsblatt.com/my/unternehmen/banken-versicherungen/radikalkur-bei-deutscher-bank-blut-schweiss-und-jobabbau/12517924.html?ticket=ST-1745532-ozGKRwSnvgecRlJsfmqd-s02lc-giacc01.vhb.de
70 Informationen zum Abgas-Skandal bei Volkswagen finden sich beispielsweise auf der Website der FAZ: http://www.faz.net/aktuell/wirtschaft/thema/vw-abgas-skandal
71 Vgl. hierzu auch Kapitel 2, »Zitronen im Auto – Von den Autokonzernen ausgequetscht«.
72 *Volkswagen drohen bis zu 90 Milliarden Dollar Strafe.* manager magazin, 05.01.2016. http://www.manager-magazin.de/unternehmen/autoindustrie/vw-skandal-us-regierung-verklagt-auto-konzern-a-1070452.html
73 *Heiße Tage für die Bahn. Klimaprobleme im ICE.* n-tv.de, 05.08.2003. http://www.n-tv.de/archiv/Klimaprobleme-im-ICE-article104930.html
74 Ein Beispiel ist folgende Meldung auf faz.net vom 08.08.2015:

http://www.faz.net/aktuell/rhein-main/hitzeschaeden-an-gleisen-zugausfaelle-um-frankfurt-13740466.html

75 Thilo Resenhoeft: *Wetterextreme bestätigen begonnenen Klimawandel.* Welt Online, 26.03.2012. http://www.welt.de/dieweltbewegen/article13946472/Wetterextreme-bestaetigen-begonnenen-Klimawandel.html

76 Mehr über die Kondratieff-Zyklen erfährt man u.a. auf wirtschaftslexikon.co: http://www.wirtschaftslexikon.co/d/kondratieff-zyklen/kondratieff-zyklen.htm

77 *Jetzt ist es vorbei mit der Glaubwürdigkeit.* auto motor und sport, 24/2015, S. 3.

78 *Abgasskandal. Behörden nehmen weitere VW-Software ins Visier.* Spiegel Online, 10.10.2015. http://www.spiegel.de/wirtschaft/unternehmen/vw-skandal-behoerden-nehmen-weitere-software-ins-visier-a-1057176.html#js-article-comments-box-pager

79 Alexander Bloch, Dirk Gulde: *VW-Skandal: Die unheilvolle Geschichte des EA 189.* auto motor und sport, 21/2015, S. 35/36.

80 Ebd.

81 Vgl. hierzu: http://infobeautiful3.s3.amazonaws.com/2013/10/1276_lines_of_code5.png

82 Alexander Bloch, Dirk Gulde: *VW-Skandal: Die unheilvolle Geschichte des EA 189.* auto motor und sport, 21/2015, S. 35/36.

83 *Manipulierte Abgasanlagen. VW soll schon vor Jahren gewarnt worden sein.* Spiegel Online, 27.09.2015. http://www.spiegel.de/wirtschaft/unternehmen/vw-wusste-in-abgas-affaere-schon-frueh-bescheid-a-1054926.html

84 Alexander Bloch, Dirk Gulde: *VW-Skandal: Die unheilvolle Geschichte des EA 189.* auto motor und sport, 21/2015, S. 35/36.

85 Jens Katermann im Editorial der auto motor und sport, 22/2015.

86 *Jetzt ist es vorbei mit der Glaubwürdigkeit.* auto motor und sport, 24/2015, S. 3.

87 Daniel Kahneman: *Schnelles Danken, langsames Denken.* 15. Aufl. München: Siedler, 2012.

88 Ebd, S. 81ff.

89 Eine Zusammenfassung der Ansichten Zieglers bietet der Wikipedia-Artikel: https://de.wikipedia.org/w/index.php?title=Jean_Ziegler&oldid=149639582

90 Jean Ziegler: *Ändere die Welt! Warum wir die kannibalische Weltordnung stürzen müssen.* 7. Aufl. München: Bertelsmann Verlag, 2015, S 41.

91 Ebd.

92 Christian Frahm: *Toyota Mirai – Wasserstoff marsch!* Spiegel Online, 30.10.2015. http://www.spiegel.de/auto/aktuell/toyota-mirai-im-test-warten-auf-die-zukunft-a-1059127.html

93 Peter Ferdinand Drucker: *Managing for Business Effectiveness.* Harvard Business Review. Nr. 3, Mai / Juni 1963, S. 53–60.

94 https://de.m.wikipedia.org/wiki/Effektivit%C3%A4t#cite_note-3

95 *DIHK-Gründerreport 2013*; online einsehbar unter: http://www.dihk.de/themenfelder/gruendung-foerderung/unternehmensgruendung/umfragen-und-prognosen/dihk-gruenderreport

96 Meike Lorenzen: *Sieben Gründe, an denen Startups scheitern.* WirtschaftsWoche, 05.05.2014. http://www.wiwo.de/erfolg/gruender/fehler-von-jungunternehmern-sieben-gruende-an-denen-startups-scheitern/9838124.html

97 Michael Freitag: *Der talentierte Herr Cordes.* manager magazin, 10 / 2004. http://www.manager-magazin.de/magazin/artikel/a-319457.html

98 *Rückrufaktion erschüttert Daimler-Chrysler.* Der Tagesspiegel, 01.04.2005. http://www.tagesspiegel.de/wirtschaft/rueckrufaktion-erschuettert-daimler-chrysler/597000.html

99 *Mercedes erhöht Druck auf Zulieferer.* Industrieanzeiger. http://www.industrieanzeiger.de/home/-/article/12503/28807487/Mercedes-erh%C3%B6ht-Druck-auf-Zulieferer/art_co_INSTANCE_0000/maximized/

100 Weitere Hintergrundinformationen zur Maslowschen Bedürfnishierarchie liefert der Wikipedia-Eintrag zu diesem Thema: https://de.wikipedia.org/w/index.php?title=Maslowsche_Bed%C3%BCrfnishierarchie&oldid=148663189

101 *Wachstum ohne Ende. SUV Neuzulassungen im September 2015.* auto motor und sport. http://www.auto-motor-und-sport.de/news/suv-neuzulaungen-im-september-2015-9996581.html

102 *Das wird eng. Praxistest Kindersitze.* Auto Bild, 03.04.2007. http://www.autobild.de/artikel/praxistest-kindersitze-219465.html

103 Stefan Weißenborn: *Warum Autos mit sechs Sitzen wiederkommen.* PS – Das Automagazin der Welt, 13.04.2015. http://www.welt.de/motor/article139470069/Warum-Autos-mit-sechs-Sitzen-wiederkommen.html
104 Walther Rosenberger: *Diesel-Affäre erreicht Premium-Marken.* Stuttgarter Nachrichten, 04.11.2015. http://www.stuttgarter-nachrichten.de/inhalt.abgasskandal-diesel-affaere-erreicht-premium-marken.2464e81f-8659-4751-93a1-65e30572ce86.html

Dank

Bei Büchern mit so vielen Erlebnissen und Geschichten taucht gerne die Frage auf: Ist das wirklich so passiert?

Gelegentlich habe ich abgekürzt und auf Einzelheiten verzichtet. Einige Figuren in den Beispielen habe ich auch verkleidet, sie bekamen neue Namen, andere Berufe oder eine andere Branche. Dennoch sind und bleiben es Begebenheiten und persönliche Erlebnisse entlang meiner Biographie.

Danken möchte ich allen, die zu diesen Erlebnissen beigetragen haben, die Impulse und Informationen gaben, zuhörten, inspirierten, Fragen stellten und mir bei diesem Buch geholfen haben: Maren, Florian, Reto, Monja, Jan, Klaus, Birgit, Jörg, Christian, Felix. Meinem Team, namentlich Sonja und Gabriele, und dem gesamten Team vom GABAL Verlag, ganz besonders der Programmleiterin Ute Flockenhaus und der Lektorin Eva Gößwein.

Personen- und Stichwortverzeichnis

Über den Autor

»Unternehmer-Persönlichkeiten sind die Rebellen der Neuzeit. Daher ist es erforderlich, Werte wie Mut, Kreativität und Idealismus zu fördern und respektvoll anzuerkennen.«

Der renommierte Erfolgsverhandler und Bestsellerautor schlägt die Brücke zwischen zwei Welten. Er ist aktiver Unternehmer aus Leidenschaft und gleichzeitig gefragter Vortragsredner. Sein Wissen aus über 25 Jahren Unternehmertum, unzähligen Verhandlungen und Vorträgen richtet sich an Führungskräfte, Leader, Firmeninhaber sowie erfahrene Manager.

Unternehmer – Autor – Redner – Erfolgsverhandler

Der gelernte Bankkaufmann und Dipl.-Wirtschaftsingenieur begann seine Karriere als Verkaufsleiter bei einem Automobilzulieferer. 1994 übernahm er eine Papiergroßhandlung und erweiterte das Unternehmen bis zu dessen Verkauf erfolgreich um neue gewinnbringende Geschäftssparten. Bereits 1998 gründete er mit Partnern ein Ingenieurbüro zur Nutzung regenerativer Energien und legte mit dem Bau und Betrieb eines Windparks den entscheidenden Grundstein für ein hohes passives Einkommen.

Kurt-Georg Scheible ist Gesellschafter von mehr als zehn Unternehmen sowie Wagniskapitalgeber. Seine eigenen Firmen leitet er aus praktischen Erfahrungen heraus sowie mit den von ihm entwickelten zukunftsweisenden Leitlinien für Unternehmer. Seine Trainings- und Beratungsunternehmen in Deutschland und der Schweiz unterstützen die Lieferanten aus Automotive und Konsumgüterindustrie in schwierigen Verhandlungen gegen die übermächtigen Handelskonzerne und Automobilbauer.

Dadurch ist der Verhandlungsexperte und Erfolgsverhandler Kurt-Georg Scheible ein bekannter und gefragter Keynote Speaker und Vortragsredner für zahlreiche renommierte Unternehmen und Organisationen wie zum Beispiel Nestlé, Beiersdorf, BASF, Deutsche Bank, RWE und Capgemini.

Praxisnähe und direkte Umsetzungsmöglichkeit sind ihm besonders wichtig. Kurt-Georg Scheible begleitet seine Kunden unterstützend bis an den Verhandlungstisch. Zusammen mit seinem Bruder, dem Einkaufsexperten Klaus Scheible, hat er mit der Marke »Scheible & Scheible Die Erfolgsverhandler®« das Verhandlungsprogramm »Im Kopf des Einkäufers®« geschaffen. Seitdem bauen die beiden Brüder ihr Unternehmen ErfolgsCampus kontinuierlich aus und führen jährlich über 30 offene Trainings und eine Vielzahl firmeninterner Veranstaltungen und Beratungen durch. Ihre Kundenliste liest sich wie das Who is Who der deutschen Konsumgüterwirtschaft.

Auszeichnungen, Engagement und Veröffentlichungen

Kurt-Georg Scheible ist Referent bei zahlreichen namhaften Redneragenturen, »Professional Member« der German Speakers Association GSA und Dozent an internationalen Business-Schools, wie der renommierten Frankfurt School of Finance and Management sowie Lehrbeauftragter an mehreren Hochschulen.

Für die Gründung und langjährige Leitung des sozialen Projekts »Stufen zum Erfolg« über seine Präsidentschaft hinaus erhielt er 2008 die goldene Ehrennadel der Wirtschaftsjunioren Deutschland. Er war Mitglied beim Projekt »Mir schaffet's« der süddeutschen Presse und unterstützt neben weiteren sozialen Projekten seit Jahren »Zwerg Nase«, das Haus für Kinder mit Beeinträchtigungen in Wiesbaden.

Kurt-Georg Scheible ist Mitglied im Deutschen Fachjournalisten Verlag und Autor zahlreicher Fachbeiträge und Bücher. Sein Buch *Menschenkenntnis. Personen richtig einschätzen und überzeugen* ist im Cornelsen-Verlag erschienen. Sein Buch *WIN! Verhandeln, um zu siegen* erschien im Wiley-Verlag und wurde im Juni 2015 zum Bestseller. Weitere Bücher zu den Themen Verhandeln, Sales und Unternehmensführung erscheinen 2015 und 2016.

www.amazon.de
facebook.com/kurtgeorg.scheible
www.linkedin.com
www.xing.com

KURT-GEORG SCHEIBLE

UNTERNEHMER-AUTOR-REDNER

Unternehmer. Autor. Redner. Erfolgsverhandler.

Über 3.400 Vorträge, Seminare und Coachings vor und mit rund 25.000 Teilnehmern, über 100 Vorlesungen an Hochschulen und internationalen Business-Schools, erfolgreiche Firmengründungen, direkte Beteiligungen an etwa einem Dutzend Unternehmen, Wagniskapitalgeber an fünf Start-Ups: Der renommierte Erfolgsverhandler und Bestsellerautor Kurt-Georg Scheible schlägt die Brücke zwischen zwei Welten. Er ist aktiver Unternehmer aus Leidenschaft und gleichzeitig gefragter Vortragsredner. Sein Wissen aus über 25 Jahren Unternehmertum, unzähligen Verhandlungen und Vorträgen richtet sich an Führungskräfte, Leader, Firmeninhaber sowie erfahrene Manager.

SCHEIBLE AKADEMIE | Menschen Unternehmen Zukunft

Wir machen Unternehmer.
Mehr Informationen:
www.scheible-akademie.de

ErfolgCampus®
Beratung | Training | Vorträge

Erfolgreich Verhandeln gegen übermächtige Gegner.
Mehr Informationen:
www.erfolgscampus.de

www.kurt-georg-scheible.de

GABAL Dein Business Dein Leben Dein Erfolg

Dein Business

Aktuelle Trends und innovative Antworten auf brennende Fragen in den Bereichen Business und Karriere.

Svenja Hofert, Thorsten Visbal
Die Teambibel
ISBN 978-3-86936-632-6
D € 29,90
A € 30,80

Katharina Maehrlein (Hrs
Soul@Work
ISBN 978-3-86936-631
D € 29,90
A € 30,80

Jeannine Halene, Hermann Scherer
Marketing jenseits vom Mittelmaß
ISBN 978-3-86936-633-3
D € 49,00 / A € 50,40

Markus Brand, Frauke Ion, Sonja Wittig (Hrsgg.)
Handbuch der Persönlichkeitsanalysen
ISBN 978-3-86936-634-0
D € 59,90 / A € 61,60

Chris Brügger, Jiri Scherer
Denkmotor
ISBN 978-3-86936-597-8
D € 24,90 / A € 25,60

Markus Jotzo
Der Chef, den keiner mochte
ISBN 978-3-86936-594-7
D € 24,90 / A € 25,60

Arno Fischbacher
Voice sells!
ISBN 978-3-86936-592-3
D € 24,90 / A € 25,60

Jacqueline Groher
FührungsKRAFT
ISBN 978-3-86936-596-1
D € 24,90 / A € 25,60

E-Book **Alle Titel auch als E-Book erhältlich**

gabal-verlag.de